数码复印机维修指南丛书

数码复印机显影系统维修指南

主编　陈报春

参编　杨文平　陈华春　高洪亮

　　　李志彬　李培生　陈中达

国防工业出版社

·北京·

图书在版编目(CIP)数据

数码复印机显影系统维修指南／陈报春主编. —北
京:国防工业出版社,2014.4
(数码复印机维修指南丛书)
ISBN 978-7-118-09320-9

I.①数... Ⅱ.①陈... Ⅲ.①复印机－显影－维修－
指南 Ⅳ.①TS951.47－62

中国版本图书馆 CIP 数据核字(2014)第 045353 号

※

国防工业出版社出版发行
(北京市海淀区紫竹院南路 23 号　邮政编码 100048)
北京嘉恒彩色印刷有限责任公司
新华书店经售

*

开本 710×960　1/16　印张 8　字数 136 千字
2014 年 4 月第 1 版第 1 次印刷　印数 1—2000 册　定价 20.00 元

(本书如有印装错误,我社负责调换)

国防书店:(010)88540777　　发行邮购:(010)88540776
发行传真:(010)88540755　　发行业务:(010)88540717

前　言

　　数码复印机显影系统的作用,是将经过充电和激光曝光在光导鼓表面形成的静电潜像显影,形成可视的色粉像。本书以佳能、理光、基士得耶、雷力、萨文、东芝、柯尼卡美能达、京瓷、复印之星和松下等70多种型号数码复印机为例,以翔实的图示,系统地介绍数码复印机显影系统的维修内容。

　　原理、拆装和代码是数码复印机维修的三要素。就原理而言,数码复印机只对充电的光导鼓表面的图像部分进行激光曝光和显影,称为反转显影或反向显影。

　　数码复印机的显影剂有双组分与单组分之分。双组分显影剂分载体和色粉(显影剂和色调剂),两者在显影器充分摩擦后色粉带电;单组分显影剂是含有磁性材料的色粉,与显影器的刮刀刃口摩擦带电。

　　就显影方法而言,单组分显影剂为跳动显影,双组分显影剂为磁刷显影。磁刷直接接触光导鼓的机器居多,但柯尼卡美能达某些机器的磁刷不接触光导鼓,复印图像能有效避免拖尾、细线断线或图像浓度不均匀的情况(HMT方法)。

　　依据数码复印机的功能系统的划分,显影系统是成像系统的子系统。某些低速机器将成像系统(光导鼓、主充电器、显影器和光导鼓清洁器)做成一体化暗盒,暗盒在物理上包含了显影系统。某些中速机器将显影器模块化,视为耗材。这从一个侧面说明,显影器是数码复印机中的故障多发区。

　　从维修角度看成像系统,光导鼓主要涉及更换与清零,主充电器主要涉及清洁,光导鼓清洁器主要涉及更换清扫刮板,只有显影器涉及组成(主要零件的更换)、过程控制、机电参数调整(维修模式、故障代码、检查调整代码)等诸多方面的问题,某些机器电参数的调整还需使用特殊工具。

　　从故障分类的角度看,表现各异的复印缺陷属于软故障(机器动作和显示正常,但存在复印缺陷)。软故障直接或间接地与显影系统主要零件(包括载体)的更换、机电参数设置或调整不当有关,排除软故障费时费事是不争的事实。

　　编者多年从事复印技术维修培训工作,深感欲用一本书概括数码复印机维修的方方面面恐难深入,所以产生了把数码复印机维修中的核心问题拿出来专门研究的想法。这个想法得到国防工业出版社王祖珮编辑的大力支持。《数码复印机显影系统维修指南》是"数码复印机维修指南丛书"之一。

顺便说明，在数码复印机显影系统中，不同名称的零件可以起相似的作用，例如色粉输送螺旋和色粉回收螺旋、色粉防飞溅片和色粉回收辊（或称除尘辊）。起相同作用的零件可能有着不同的叫法，例如磁辊和显影辊、显影刮板和刮刀、载体和显影剂等。

将显影器模块化在很大程度上简化了数码复印机的现场维修工作，这是积极的方面；但是另一方面，这种设计增加了数码复印机的使用成本，不太符合我国国情。事实上，显影器模块化并非主流。参照主流机器显影器的维修内容，维修人员应能找到延长模块化显影器使用寿命的方法。

机器使用"代用粉"时，一次的加粉量宜少些，偏压的调整宜高些。这样做对难以抑制的漏粉情况和克服复印件底灰有效，但同时也会加速载体的老化。除显影问题外，使用"代用粉"还需综合考虑定影方面的问题。相关内容参见本丛书《数码复印机定影器维修指南》分册。

本书由陈报春任主编并统稿。陈中达参编了第 1 章和第 4 章，高洪亮参编了第 2 章和第 3 章，杨文平和陈华春参编了第 3 章和第 6 章，李培生和李志彬参编了第 5 章和第 7 章。李培生和陈中达还对本书参考的英文技术资料做了摘要和翻译。以上同志多次担任复印技术培训班的实习指导教师，对本书内容的取舍和细节提出了不少建设性意见。

由于实践经验有限，书中难免存在不足和不妥之处，诚请读者指正。对本书的任何意见，欢迎通过 E-mail 发至 bc_chen@163.com 联系。

编 者

2014 年 1 月

目　录

第1章 数码复印机显影系统概述

1.1 数码复印机的成像过程

1.1.1 数码复印过程概述

在数码复印机中,除扫描和定影之外的复印过程都是围绕着光导鼓进行的。图 1-1 是数码复印机复印过程的一般描述。

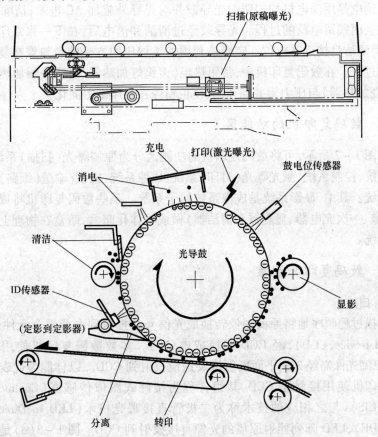

图 1-1 数码复印机的复印过程

扫描,又称原稿曝光或读数据,是将原稿图像转换成光信号的过程。充电是使光导鼓表面带上均匀静电荷的过程。在数码复印机中,常用的 OPC 光导鼓多充负电(但实用机型也有使用充正电的 OPC 光导鼓),α–Si 光导鼓充正电。打印,又称激光曝光或写数据,是将经过图像处理的原稿的电信号转换成光信号,对光导体进行激光曝光,使光导体表面产生静电潜像的过程。数码复印机周围环境的温度、湿度及使用情况的变化,会引起光导鼓表面电位变化,鼓电位传感器检测变化情况,实时调整栅偏压、显影偏压和激光二极管的功率。显影是用带有与充电光导鼓同极性电荷的色粉接触光导鼓,在光导鼓表面形成可视色粉图像的过程。转印是使光导鼓表面的色粉像转移到复印纸上的过程。分离是使复印纸克服光导鼓的吸引,脱离光导鼓的过程。ID 传感器检测激光束在光导鼓表面形成样图的反射率和光导鼓表面的反射率,并将数据输出到 CPU,用做控制供粉的参数之一。清洁是用辊状清洁刷清扫和刮板刮除光导鼓表面残留色粉的过程。消电是用消电灯均匀照射光导鼓并对光导鼓施加 AC 电晕,清除(中和)光导鼓表面残留电荷的过程。光导鼓经过清洁和消电后,在下一张复印开始之前,表面清洁且接近零电位。定影是利用加热加压的方法使色粉像在复印纸上固化的过程。在数码复印机中,常用热辊(卤钨灯加热器、电感线圈加热器)、热膜(陶瓷加热器)与压力辊共同作用,使色粉像在复印纸上固化。

1.1.2 数码复印机的功能区

如图 1–2 所示,可将数码复印机的功能区分为原稿曝光(扫描)系统、图像处理系统、控制系统、激光曝光(打印)系统、成像系统、搓纸／输送(纸路)系统和通信系统。其中,显影系统是成像系统的子系统。某些数码复印机将成像系统(光导鼓、一次充电器、显影器和清洁器)做成一体化暗盒,暗盒在物理上包含了显影系统。

1.1.3 数码复印的步骤

1)扫描

扫描过程顺序地将原稿图像转换成光信号并投射到电荷耦合元件(Charge Coupled Device,CCD),经 CCD 转换成电信号。多数数码复印机使用缩小型 CCD,原稿光像需经 3 块平面反射镜及透镜投射到 CCD。以佳能为代表的部分数码复印机使用接触型 CCD,其组件称为接触式图像传感器(Contract Image Sensor,CIS),与之相应的技术称为二极管直接曝光技术(LED In Direct Exposure,LIDE),LED 阵列照射原稿的光像直接投射到 CCD。图 1–3(a)是使用缩小型 CCD 扫描机构的剖视图,图 1–3(b)是接触式图像传感器。

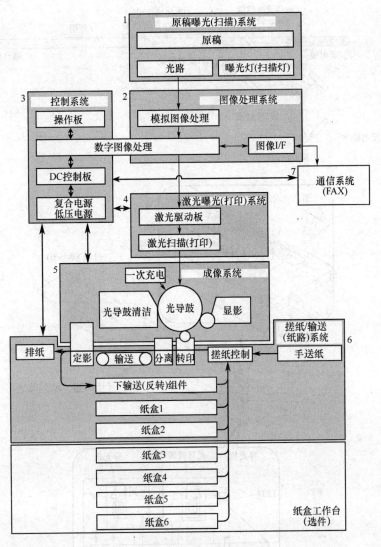

图 1-2　数码复印机的功能区

　　顺便说明,互补金属氧化物半导体(Complementary Metal - Oxide Semicon-ductor,CMOS),如利用硅和锗两种元素制成的半导体,也可起到 CCD 的作用。新近上市的一些佳能数码复印机的 CIS 已经使用了 CMOS。

　　2) 充电

　　充电(或称主充电)是使光导鼓敏化的过程。如前所述,在数码复印机中常用的 OPC 光导鼓充负电,α-Si 光导鼓充正电。数码复印机通常采用三种方法对光导鼓充电,分别是电晕丝充电器、导电橡胶辊充电器和针状(或称梳状)充电器。

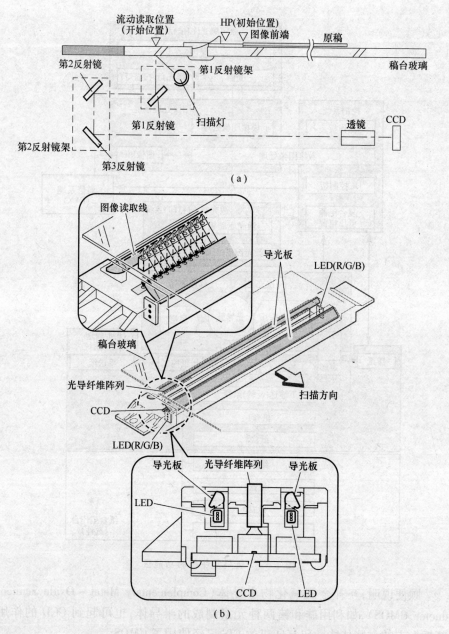

图 1 – 3　缩小型 CCD 的扫描机构与接触式图像传感器

(a) 使用缩小型 CCD 的扫描机构（剖视图）；(b) 接触式图像传感器（CIS）。

对于主充电，为保证充电的均匀性，电晕器中除充电电晕丝外，还装有栅网（栅丝网或蚀刻栅网），如图 1 – 4 所示。

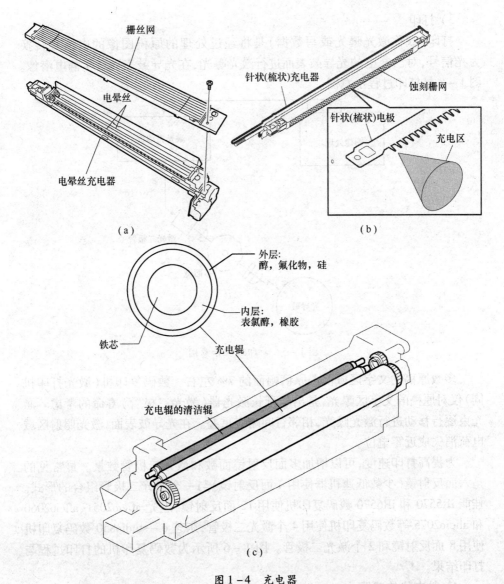

图 1-4 充电器

(a) 带栅丝网的电晕丝充电器;(b) 带蚀刻栅网的针状充电器;(c) 充电辊。

一般地说,针状充电器远较电晕丝充电器的使用寿命长,针状电极无更换之虑(电晕丝则需定期更换),但是针状充电器的充电速度不及电晕丝充电器(针状充电器常见用于中低速机的原因在此)。充电辊与光导鼓接触充电,复印过程产生的臭氧(一种复印公害)仅为电晕充电的 1/10,但充电辊的生产成本较高。

3）打印

打印（或称激光曝光或写数据）是将经过处理的原稿图像的电信号转换为光信号，对已充电的光导鼓表面进行激光曝光，在光导鼓表面产生静电潜像。图1-5是打印过程示意图。

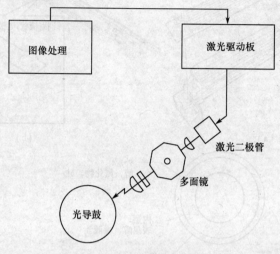

图1-5　打印过程示意图

多数原稿的文字区域仅占原稿幅面的7%左右。数码复印机（激光打印机同）仅对原稿的文字区曝光，是出于延长激光器（激光二极管）寿命的考虑。激光束逐行移动进行激光曝光，相邻行间略有重叠。在光导鼓表面，激光照射区域电荷消失成近零电位。

为提高打印速度，可以增加多面反射镜面数和激光二极管数量。最常见的是六面反射镜（少数低速机器使用4面反射镜）与一个激光二极管组合的形式。佳能iR5570和iR6570数码复印机使用12面反射镜，理光aficio2051、aficio2060和aficio2075等数码复印机使用4个激光二极管，东芝e-studio850数码复印机使用8面反射镜和2个激光二极管。图1-6所示为数码复印机的打印过程与打印结果。

4）鼓电位传感器

由于光学系统污脏、充电电晕丝或栅丝（蚀刻栅网）污脏、光导鼓老化（光导鼓的光电导灵敏度是逐渐下降的）以及光导鼓周围环境温度、湿度变化等原因，会导致光导鼓表面电位变化。鼓电位传感器检查变化情况，机器进行相关调整，如调整栅压和调整激光功率等。

如图1-7所示，鼓电位传感器检测光导鼓表面电位。偏压包中装有2个继电器RA1和RA2，通常RA2接地。校正鼓电位传感器时，转换RA1和RA2，在

6

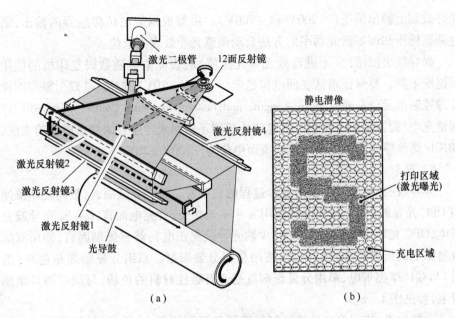

图 1-6 打印过程与结果

(a) 打印过程；(b) 打印结果。

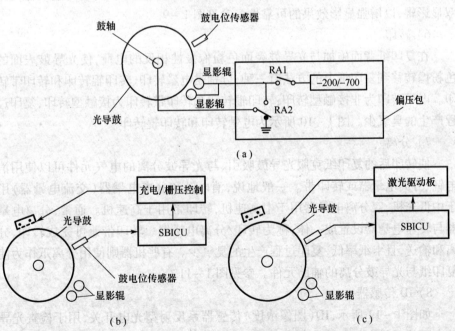

图 1-7 鼓电位传感器与表面电位调整

(a) 鼓电位检测原理；(b) 调整栅压；(c) 调整激光功率。

光导鼓轴上输出偏压(-200V 和 -700V)。机器根据鼓电位传感器的输出,通过调整栅压和调整激光功率的方法自动调整光导鼓表面电位。

光导鼓表面暗区(未进行激光曝光区域)的表面电位随数码复印机的使用而逐渐下降。要保证暗区表面电位稳定(-900V ±10V),扫描、基础引擎和图像处理控制单元(Scanner, Base - engine and Image processing Control Unit, SBICU)调整充电/栅压包校正栅压。鼓电位传感器还检测光导鼓表面静电潜像的电位,SBICU 调整静电潜像半色调区的表面电位为 -300V ±20V。

5) 显影

光导鼓、充电和显影剂是显影过程的三要素。就光导鼓而言,数码复印机使用 OPC 光导鼓居多,有的机器使用 α - Si 光导鼓;就充电而言,α - Si 光导鼓充正电,OPC 光导鼓充负电的居多(少数光导鼓充正电);就显影剂而言,使用双组分显影剂的机器居多,也有机器使用单组分显影剂。双组分显影剂是色粉(墨粉)与载体摩擦带电,单组分显影剂就是含有磁性材料的色粉,与刮刀刃口摩擦带电,参见图 1 - 8。

一般地说,使用单组分显影剂的机器显影器体积小、重量轻;使用双组分显影剂的机器显影器搅拌机构相对复杂,体积大且较重。有些高级高速机器使用双显影辊,以增强显影效果的可靠性。参见图 1 - 9。

6) 转印

在复印纸背面施加与光导鼓表面色粉像极性相反的电荷,使光导鼓表面的色粉像转移到复印纸上的方法有三种,分别是电晕转印、转印辊转印和转印带转印。电晕转印为非接触型转印;转印辊转印和转印带转印为接触型转印,复印过程产生的臭氧少。图 1 - 10 所示为电晕转印和转印辊转印。

7) 分离

使转印后的复印纸克服光导鼓吸引、与光导鼓分离的电气元件可以使用消电针、分离电晕器或转印带。一般地说,消电针和分离电晕器(交流电晕器)用于中低速机,双分离电晕器用于中高速机,转印带用于高速机。通常,分离电晕器与转印电晕器设置成一体,称为转印/分离电晕器。转印带兼可完成转印、分离和输送,且卡纸率低,复印过程产生的臭氧少。有些机器则使用分离爪作为使复印纸与光导鼓分离的辅助元件。参见图 1 - 11。

8) ID 传感器

如图 1 - 12 所示,ID(图像浓度)传感器系反射型光电开关,用于检查光导鼓表面的反射率和光导鼓表面 ID 传感器图像的反射率。ID 传感器输出两者之比,作为供粉参考电压的一个参数。

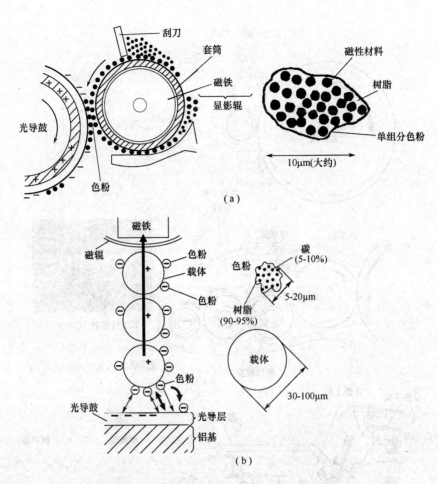

（a）

（b）

图 1-8　显影

（a）单组分显影剂显影；（b）双组分显影剂显影。

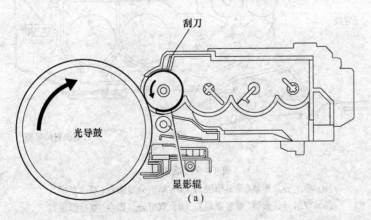

（a）

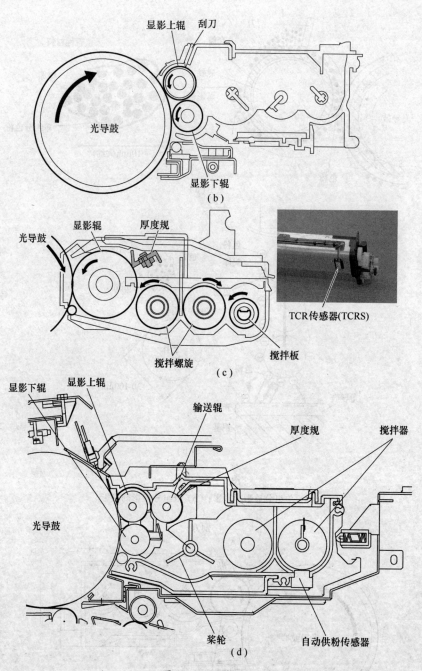

图 1-9 显影器

（a）单组分显影器（单显影辊）；（b）单组分显影器（双显影辊）；

（c）双组分显影器（单显影辊）；（d）双组分显影器（双显影辊）。

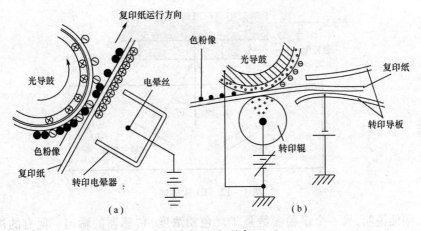

图 1-10 转印

(a) 电晕转印；(b) 转印辊转印。

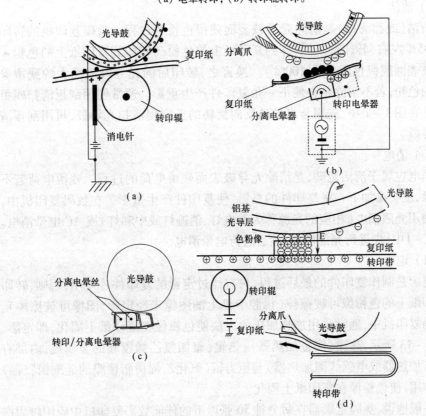

图 1-11 分离

(a) 消电针分离；(b) 分离电晕器；(c) 双分离电晕器；(d) 转印带。

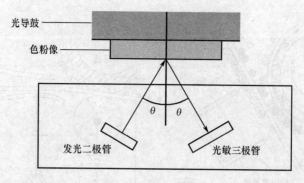

光导鼓 ————

色粉像 ————

θ θ

发光二极管   光敏三极管

图 1 - 12   ID 传感器

顺便说明,另一个供粉参数是 TD(色粉浓度)传感器的输出。但有的机器无 TD 传感器,对图像浓度控制仅使用 ID 传感器。

9)清洁

清洁(或称清扫)是清除光导鼓表面残留色粉的过程。数码复印机的转印率在 85% 左右(转印率 = [转印到复印纸上的色粉/(转印到复印纸上的色粉 + 光导鼓表面残留色粉)] × 100%)。换言之,转印后的光导鼓表面大约残留着 15% 的色粉,若不清除将会使下一张复印件产生重影。通常使用刮板清扫残留色粉。在图 1 - 1 中,先用与光导鼓反向旋转的毛刷辊清扫光导鼓,再用刮板清扫光导鼓。

10)消电

消电也属于清洁范畴,是清除光导鼓表面残留电荷的过程。残留电荷若不被清除,就会参加下一张复印件的显影,使复印件产生重影。在数码复印机中,可以使用光照消电(相应的光源称为消电灯、消迹灯或中和灯)或 AC 电晕消电。在图 1 - 1 中,先进行光照消电,然后进行电晕消电。

11)定影

定影是制作复印件的最后过程,只有经过定影的复印件才可用;否则,转印到复印纸上的色粉像可被擦掉(机腔卡纸上的图像未经定影,图像可被擦掉)。在数码复印机中,通常采用加热加压的方法使色粉像在复印纸上固化,即定影。如图 1 - 13 所示,热膜(陶瓷加热器)、热辊(聚四氟乙烯覆膜的金属棍,内部有卤钨灯加热器或电感线圈加热器)与压力辊(氟化乙烯树脂覆膜的硅酮橡胶辊)共同作用,使色粉像在复印纸上固化。

一般地说,热膜定影器在每分钟 50 张以下的佳能数码复印机中应用较为广泛,这是佳能的特色;使用卤钨灯(热辊内部安装 1 只 ~ 3 只卤钨灯)加热器的热辊定影器最为常见;东芝、佳能、理光等数码复印机已陆续使用电感线圈加热器

12

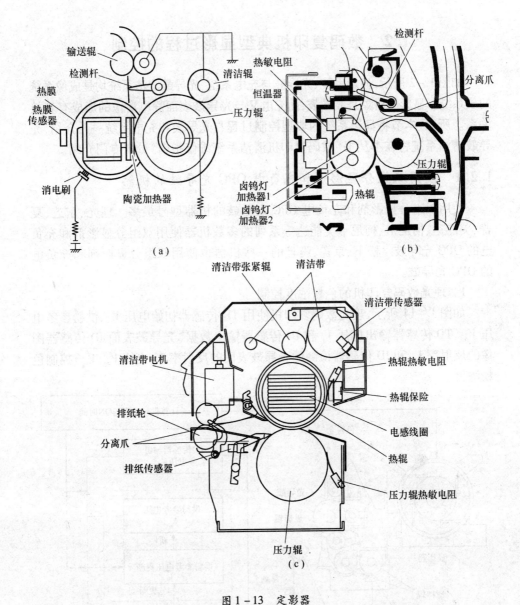

图 1-13　定影器

(a) 热膜定影器(陶瓷加热器)；(b) 热辊定影器(卤钨灯加热器)；

(c) 热辊定影器(电感线圈加热器)。

的热辊定影器。维修人员应当注意,热膜或热辊与压力辊的转动是复印纸传输的动力。在保证色粉像能牢固定影的前提下,热膜或热辊与压力辊间的压力宜小而均匀,这对延长热膜或热辊的寿命有利。

1.2　数码复印机典型显影过程的控制

如图1-2所示,显影系统、光导鼓与充电系统、光导鼓清洁系统均是成像系统的子系统。显影的对象是光导鼓,而充电又与光导鼓表面静电潜像的形成有直接关系。所以,本节将显影系统的典型控制过程与光导鼓和充电系统一并介绍,光导鼓清洁系统将在本丛书《数码复印机清洁系统维修指南》分册专门介绍。

1.2.1　使用双组分显影剂和充负电 OPC 光导鼓的机器

使用双组分显影剂和充负电 OPC 光导鼓的机器型号最多。理光、东芝、夏普、美能达、柯尼卡、柯尼卡美能达等系列的多数机器使用双组分显影剂和充负电的 OPC 光导鼓。松下、京瓷、震旦的一些机器也使用双组分显影剂和充负电的 OPC 光导鼓。

1) 理光数码复印机的色粉浓度控制

如图1-14所示,理光数码复印机使用 TD 传感器初始电压 V_{ts}、供粉参考电压 V_{ref}、TD 传感器输出电压 V_t 和 ID 传感器输出数据(光导鼓表面 ID 传感器图像的反射率 V_{sp} 和 ID 传感器检测的光导鼓表面的反射率 V_{sg} 之比 V_{sp}/V_{sg})控制色粉浓度。

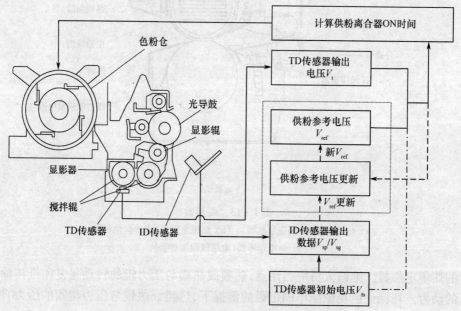

图 1-14　理光数码复印机的色粉浓度控制方法

14

2) 东芝数码复印机的自动色粉控制

图 1 - 15 所示为自动色粉传感器的位置、控制过程及功能说明。

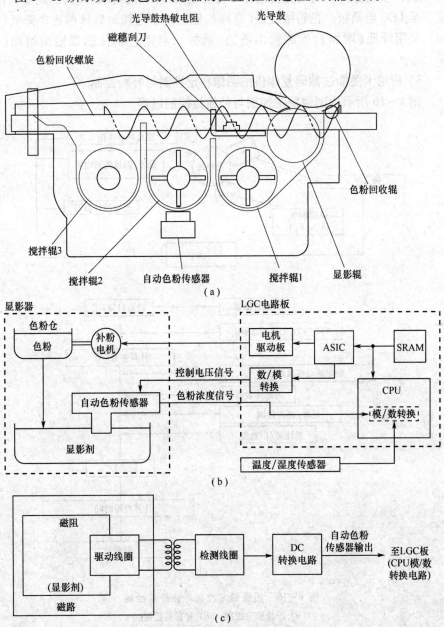

图 1 - 15　自动色粉传感器
(a) 位置; (b) 控制过程; (c) 功能。

驱动线圈（主线圈）为带高频磁场的磁头,在显影剂中形成磁路,检测线圈（副线圈）接收显影剂磁阻的变化,DC转换电路检测并转换副线圈的高频输出,输送至LGC电路板。色粉浓度低(高)时,显影剂中色粉对载体的比率降低(增加),磁阻降低(增加),检测输出增加(减少),自动色粉传感器输出增加(减少)。

3）柯尼卡美能达数码复印机的图像稳定控制与补粉控制

图1-16所示为图像稳定控制与补粉量控制过程。

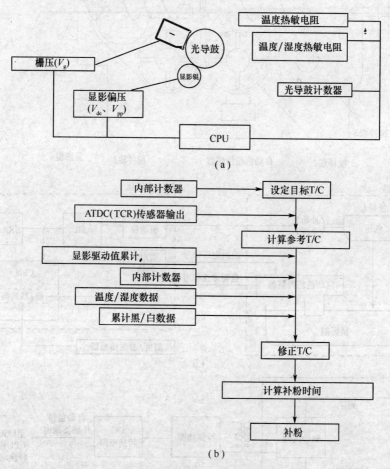

（a）

（b）

图1-16　图像稳定控制与补粉量控制

（a）图像稳定控制;（b）补粉量控制。

图像稳定控制能使复印图像不随环境条件变化。温度热敏电阻和温度/湿度热敏电阻负责检测光导鼓周围的温度和绝对湿度。CPU根据温度/湿度传感

16

器数据并参照光导鼓的旋转时间,计算出施加最佳栅压(V_g)和显影偏压(V_{dc})。为防止在高温高湿条件下连续复印图像浓度下降的情况,还可改变峰值电压(V_{pp})。维修人员可进入维修代表模式改变 V_g/V_{dc}。

机器根据显影电机 ON 的内部计数器设置 T/C(色粉/载体)目标比率。首先,显影电机旋转,ATDC(TCR)传感器检测 T/C 比率,计算 T/C 参考值;而后,在 T/C 参考值中加入环境、显影驱动值累计等数据,计算修正 T/C 和补粉时间;然后补粉(补粉量控制)。机器还可将 T/C 修正值与 T/C 目标值比较,决定供粉与否(补粉控制),如表 1 - 1 所列。

表 1 - 1　补粉控制

T/C 值	补粉时间/循环
T/C 修正值≤T/C 目标值 - 2.5%	ATDC(TCR)传感器故障
T/C 目标值 - 2.5%≤T/C 修正值＜T/C 目标值 - 1.5%	转到 T/C 恢复模式
T/C 目标值 - 1.5%≤T/C 修正值＜T/C 目标值 - 0.75%	完全补粉
T/C 目标值 - 0.75%≤T/C 修正值＜T/C 目标值 - 0.25%	1/2 补粉
T/C 目标值 - 0.25%≤T/C 修正值＜T/C 目标值	1/4 补粉
T/C 目标值≤T/C 修正值＜T/C 目标值 + 2.5%	不补粉
T/C 目标值 + 2.5%≤T/C 修正值	ATDC(TCR)传感器故障

在 T/C 恢复模式,显影电机 ON,直到恢复到正确的 T/C 比率。若 ATDC(TCR)传感器故障,则有故障代码显示。

4)夏普数码复印机成像系统的应用电压

图 1 - 17 所示为成像系统的应用电压。

可以利用维修模式(夏普数码复印机称模拟功能)调整激光输出(打印)功率,但通常保持默认值。主充电为带栅网的梳状充电器(MAX8kV),栅压为 -650V。显影剂在磁辊上形成磁刷,显影偏压为 -500V。显影刮刀限制磁刷厚度。温度/湿度传感器检测机器内部温度湿度,生成显影控制参数。转印辊(MAX 5kV)使光导鼓表面的色粉像转印到复印纸上。分离电极(-1.8kV)使复印纸与光导鼓分离。光导鼓清扫刮板为硅胶板,对光导鼓呈常压状态,清除光导鼓表面的残留色粉。高压电阻(200MΩ)防止环境湿度高时高压漏电通过纸导向板。复印纸在对位辊处稍作停顿,校正输送歪斜情况并微调输送时序。复印纸除尘器在对位辊处清除复印纸粉尘。

5)松下数码复印机的图像控制定性推理自适应控制器

图 1 - 18 所示为松下数码复印机的图像控制定性推理自适应控制器(新型数码 QUANTUM)的控制过程。

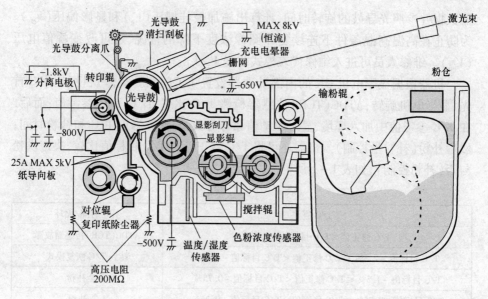

图 1-17　成像部分的应用电压

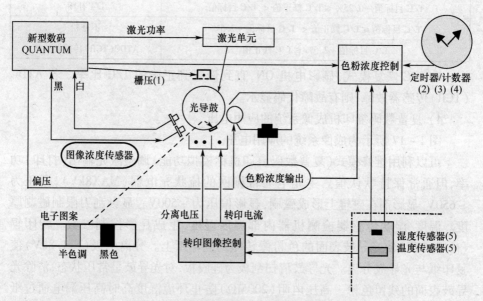

图 1-18　图像控制定性推理自适应控制器

　　利用图像浓度传感器数据来控制色粉浓度和栅压(1)。大量复印时,每复印 1000 张由定时器/计数器(2)启动长期运行补偿参数控制色粉浓度。复印计数达到 15 万、18 万和 21 万时,由定时器/计数器(3)启动载体补偿参数控制色粉浓度。若机器 ON 后超过 1h 未操作,由定时器/计数器(4)初始化载体参数。

对于高温高湿条件的情况,温度传感器(5)和湿度传感器(5)的数据作为环境补偿参数。控制色粉浓度的软件也对温度和湿度因素进行补偿((1)~(5)为顺序)。

1.2.2 使用单组分显影剂和充负电 OPC 光导鼓的机器

佳能数码复印机多使用单组分显影剂和充负电的 OPC 光导鼓,有些松下数码复印机也使用单组分显影剂和充负电的 OPC 光导鼓。图 1-19 是佳能数码复印机供粉过程的控制。

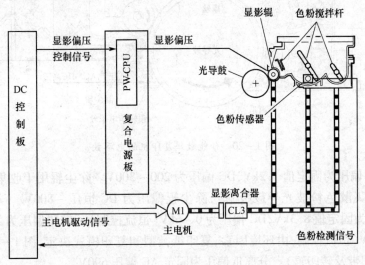

图 1-19 佳能数码复印机供粉过程的控制

显影器的主要工作元件是显影辊、色粉传感器和色粉搅拌杆。显影辊和色粉搅拌杆的动作由显影离合器(CL3)和主电机(M1)控制。主开关 OFF/ON 时,搅拌杆动作并进行监控 6s,若有粉则搅拌完成,若无粉则搅拌杆再持续动作 30s;然后,再进行搅拌动作并监控 6s,若有粉则机器复位,若无粉则在操作板上显示加粉。

1.2.3 使用单组分显影剂和充正电 α-Si 光导鼓的机器

佳能和京瓷的一些数码复印机使用单组分显影剂和充正电的 α-Si 光导鼓。图 1-20 是使用单组分显影剂和充正电的 α-Si 光导鼓的佳能数码复印机的电参数。

主充电(+DC 高压)由电位控制决定,通常在 6~9kV。机器根据光导鼓的估算寿命和环境因素(环境传感器检测参数)确定栅压,通常为 500~800V。显

19

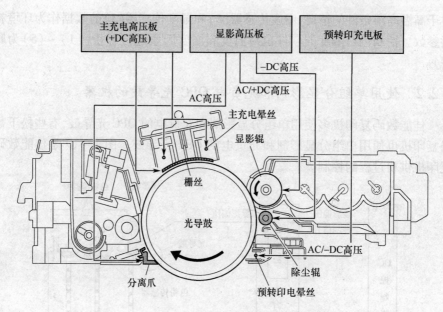

图 1-20 佳能数码复印机的电参数

影的 AC 偏压为固定值 1.2kV,DC 偏压为 200～300V。除尘辊用于收集飞散色粉(防止飞散色粉被光导鼓吸附),除尘辊偏压为 DC 恒压 -800V。预转印的 AC 偏压为固定值 8.3kV,DC 偏压为 0～6kV(恒流控制)。转印偏压为 DC 偏压 0～6.5kV(恒流控制,由环境因素、复印纸类型和复印模式决定,图 1-20 中未列出转印带及转印辊)。分离爪偏压为固定 AC 偏压 690V。

1.2.4 使用双组分显影剂和充正电 OPC 光导鼓的机器

京瓷和震旦的某些数码复印机使用双组分显影剂和充正电 OPC 光导鼓。图 1-21 是色粉补充过程的说明。

在图 1-21(c)中,a 为色粉传感器输出电压超过色粉控制电平时,供粉电机 ON,开始补粉;b 为色粉传感器输出电压超过无粉控制电平时,机器显示补粉信息,强制补粉 5min;c 为色粉传感器输出电压下降到无粉复位电平之下时,机器显示补粉信息;d 为色粉传感器输出电压下降到色粉控制电平之下时,供粉电机 OFF,结束补粉;e 为若 5min 强制补粉后,色粉传感器输出电压未下降到无粉检测电平之下,机器显示补粉信息(色粉加满之前色粉水平检测传感器和供粉电机均 ON,机器显示正在补粉信息),但此时机器可以复印(可以复印的具体数量取决于维修模式的设置);f 为色粉传感器输出电压下降到无粉复位电平之下,正在补粉信息消失;g 为色粉传感器输出电压下降到色粉控制电平之下,供

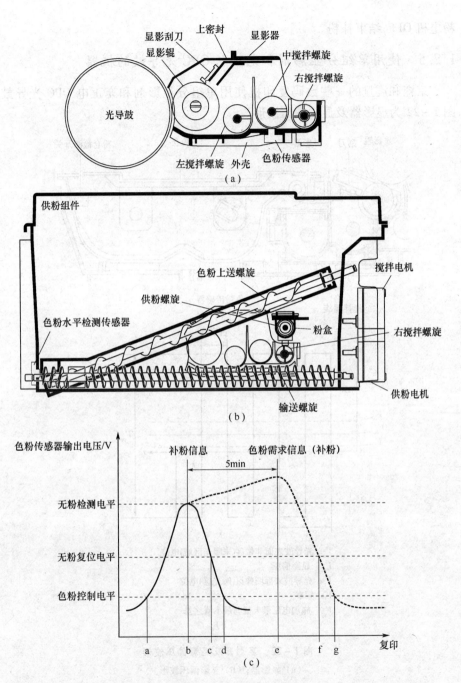

图 1-21 色粉补充过程

(a) 显影器;(b) 供粉组件;(c) 补充过程。

粉电机 OFF,结束补粉。

1.2.5　使用单组分显影剂和充正电 OPC 光导鼓的机器

　　京瓷和震旦的一些数码复印机使用单组分显影剂和充正电 OPC 光导鼓。
图 1-22 为显影器及显影偏压波形。

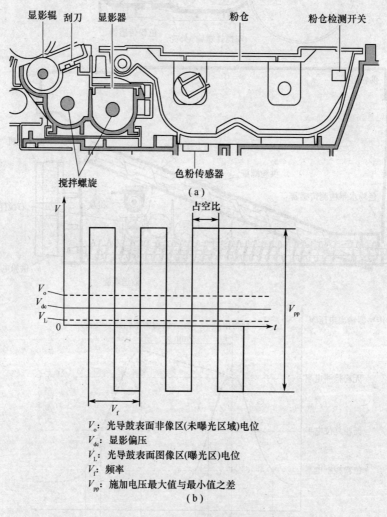

显影辊　刮刀　显影器　　　　　　　　　粉仓　　　　　粉仓检测开关

搅拌螺旋　　　　　　　色粉传感器

（a）

V_o：光导鼓表面非像区(未曝光区域)电位
V_{dc}：显影偏压
V_L：光导鼓表面图像区(曝光区)电位
V_f：频率
V_{pp}：施加电压最大值与最小值之差

（b）

图 1-22　显影器及显影偏压波形
(a)显影器；(b)显影偏压波形。

　　施加到显影辊的显影偏压决定着图像对比度。在图 1-22(b)中,V_{pp} 为固
定值 1.6kV,V_f 为 2.4kHz,占空比(一个周期内正电压所占时间的比例)为

22

45%，V_{dc}为290V。其中，V_f和占空比可用维修模式调整。

1.3 数码复印机显影系统维修的主要内容

概括地说,数码复印机显影系统的维修包括更换与调整两方面的内容。更换方面的内容分为更换密封垫(如入口密封垫、侧密封垫)、更换传感器(如色粉浓度传感器、色粉用完传感器)和更换电机(如供粉电机、显影电机)。调整方面的内容又分为机械调整和电气调整,其中:机械调整包括调整刮刀与磁辊间隙、调整磁辊的主磁角等;电气调整包括调整自动供粉传感器、调整各充电高压(包括栅压)、调整显影偏压(AC偏压和DC偏压)、调整供粉方式和供粉量等。

应当说明,就显影系统的维修而言(广义地说,就数码复印机的维修而言),维修人员应在比较的基础上掌握不同系列、不同型号机器显影系统的调整内容和方法。过多地比较哪种显影方法好、哪种光导鼓好、哪种充电方法好或哪种控制方法好等,对于现场维修并无实质性帮助。

原理、拆装和代码是数码复印机维修的三要素。对数码复印机来说,显影系统和光路系统是异于模拟复印机的核心技术。就显影系统而言,更换和机械调整均以拆装为基础(修机有"拆装一半功"之说),如无特别说明,装与拆互为逆序;而电气调整则利用维修模式调整电气数据,比使用万用表调整更加方便而且安全。事实上,数码复印机是机电仪一体化的产品,维修人员对数码复印机"仪"的认知和掌握不是很好,这有多方面的原因。

第2章　佳能（iR3225、iR3225F、iR3225N、iR3230、iR3230N、iR3235、iR3235F、iR3235N、iR3245、iR3245F、iR3245N）数码复印机

2.1　显影系统的组成与过程控制

2.1.1　显影器

图2-1所示为显影器。

在图2-1(a)中,1为磁辊,2为搅拌板,3为输送螺旋。

佳能 iR3225、iR3225F、iR3225N、iR3230、iR3230N、iR3235、iR3235F、iR3235N、iR3245、iR3245F 和 iR3245N 等数码复印机均使用 OPC 光导鼓(直径 30mm),主充电和转印充电采用充电辊(直径 16mm),使用单组分跳动显影方式(磁性负电性色粉,显影辊直径 20mm)。佳能 iR3225、iR3225F 和 iR3225N 光导鼓 的 处 理 速 度 为 137mm/s。iR3230、iR3230N、iR3235、iR3235F、iR3235N、iR3245、iR3245F 和 iR3245N 使用纸盒供纸时光导鼓的处理速度为230mm/s,手送纸时光导鼓的处理速度为137mm/s。

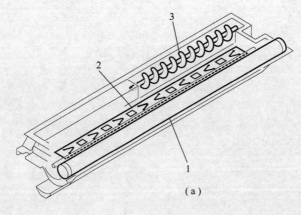

(a)

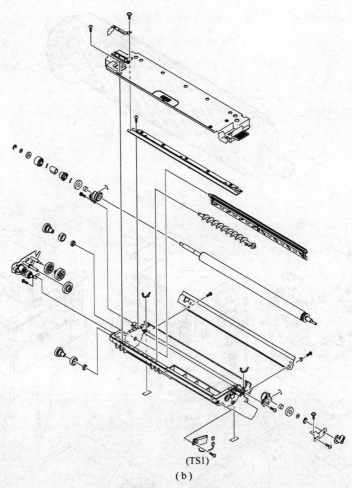

(TS1)

(b)

图2-1 显影器

(a) 功能元件；(b) 各元件安装位置。

2.1.2 色粉筒

图2-2所示为色粉筒。

在图2-2中，1为色粉筒，2为色粉停止块。现场维修时需注意，取出的色粉筒应水平放置；否则，色粉停止块容易脱落造成色粉泄露，既浪费色粉，清洁起来也费时费事。

2.1.3 显影系统中的电气元件

图2-3所示为显影系统中的电气元件。

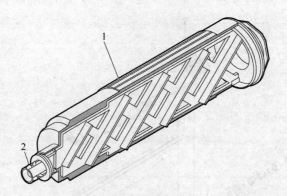

图 2-2 色粉筒

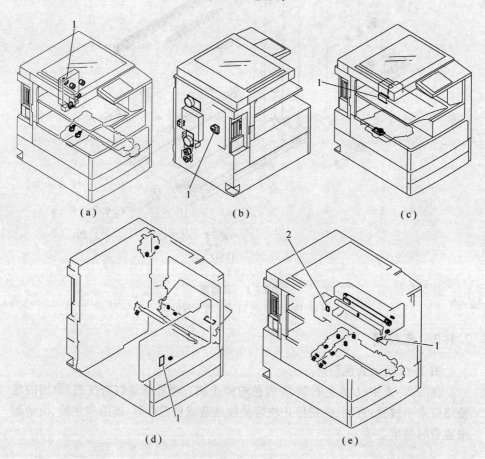

（a）　　　　　　　　（b）　　　　　　　　（c）

（d）　　　　　　　　　　（e）

图 2-3 显影系统中的电气元件

（a）离合器；（b）色粉筒电机；（c）色粉仓电机；（d）环境传感器；（e）色粉传感器。

在图 2-3(a)中,1 为显影离合器 CL3;在图 2-3(b)中,1 为色粉筒电机 M5;在图 2-3(c)中,1 为色粉仓电机(色粉输送螺杆电机)M12;在图 2-3(d)中,1 为环境传感器 HU1(检查机器内部温度);在图 2-3(e)中,1 为显影器色粉传感器 TS1(检查显影器内的色粉),2 为副粉仓色粉传感器 TS2(检查副粉仓内的色粉)。

2.1.4 补粉过程

图 2-4 所示为补粉过程。

在图 2-4(a)中,1 为色粉筒,2 为副粉仓,3 为输送螺杆,4 为显影器;在图 2-4(b)中,1 为色粉筒电机 M5。色粉筒安装到位,色粉在副粉仓处暂存。副粉仓色粉传感器 TS2 检测色粉,使色粉保持在固定水平。需供粉时,输送螺杆将色粉从副粉仓输送到显影器。色粉筒电机 M5 驱动色粉筒转动供粉。因此,可将供粉分为从色粉筒到副粉仓供粉和从副粉仓向显影器供粉。

(1) 从色粉筒到副粉仓供粉。主电机(M2/M22)转动时,若副粉仓色粉传感器 TS2 检测副粉仓中无粉,色粉筒电机 M5 ON3s、OFF2s。无粉时间在 M5 的 ON-OFF 周期内由软计数器计数。若计数器达到 20(大约 100s),机器认定副粉仓无粉,在操作板上显示加粉信息(Add Toner)。软计数器在副粉仓重新检测到色粉后复位。顺便说明,更换色粉筒后,色粉筒电机 M5 ON3s、OFF2s,直到副粉仓色粉传感器 TS2 检测副粉仓中有色粉。

(2) 从副粉仓向显影器供粉。主电机(M2/M22)转动且显影离合器 CL3 ON 时,显影器色粉传感器 TS1 检测到无粉,色粉仓电机 M12 ON1s、OFF1s,软计数器加 1,直到显影器色粉传感器 TS1 检测到色粉。若软计数器达到 20(大约 40s),机器认定显影器中色粉很少(连续复印将出现空白页),在操作板上显示无粉错误(Not Toner)并禁止复印。色粉仓电机 M12 间歇转动期间,软计数器在显影器色粉传感器 TS1 检测到色粉后复位。

色粉余量检测一般可分为副粉仓余量检测和显影器色粉余量检测。

(1) 副粉仓余量检测。副粉仓色粉传感器 TS2 每 100ms 检测色粉余量 1 次。该传感器 2 次或连续(200ms 或更长时间)检测到有色粉,机器就判断副粉仓中有色粉;若 100 次或连续(10s 或更长时间)检测到无色粉,机器就判断副粉仓中无色粉。上述检测与主电机(M2/M22)和显影离合器 CL3 的 ON/OFF 无关。

(2) 显影器色粉余量检测。机器每 100ms 检测 1 次显影器色粉传感器 TS1 的输出(仅在显影离合器 CL3 ON 时),以 1.5s15 次(或 2.5s 42 次,显影离合器 CL3 ON 时连续检测)作为度量单位,有色粉被检测到多于 3 次(或 5 次),机器就判断显影器中有色粉;有色粉被检测到少于 2 次,机器就判断显影器中无色粉。

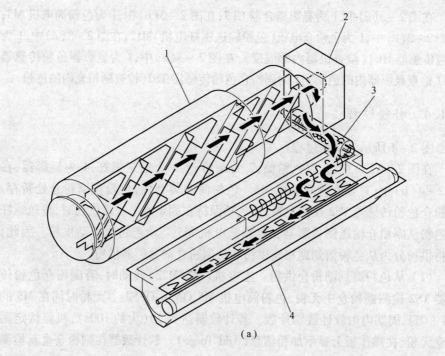

(a)

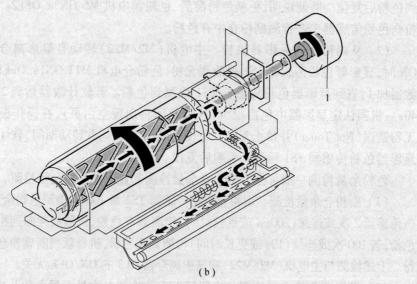

(b)

图 2-4 补粉过程

(a) 补粉路径；(b) 驱动色粉筒。

2.1.5 图像稳定性控制

图 2 - 5 所示为图像稳定性控制过程。

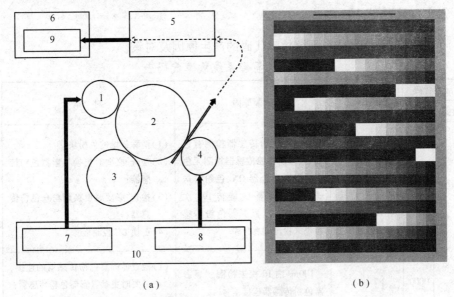

（a）

（b）

图 2 - 5　图像稳定性控制
（a）控制过程；（b）测视图。

在图 2 - 5(a)中,1 为主充电辊,2 为光导鼓,3 为显影器(AC 偏压为 800
Vp - p,DC 偏压为 - 450V ~ - 650V),4 为转印辊,5 为读取单元,6 为主控板,7
为 APVC 控制,8 为 ATVC 控制,9 为 PASCAL 控制,10 为 DC 控制板。图 2 - 5
(b)为 PASCAL 控制的图像灰阶图。

自动主充电电压控制(Auto Primary Voltage Control,APVC)是一种用控制主
充电电压的 DC 成分来适应光导鼓光导层厚度的机制。APVC 在机器每复印
500 张后执行,在更换光导鼓组件后也会强制执行。ATVC 控制是机器的一套恒
流控制系统,可在维修模式中启用或禁用。

数码复印机在使用过程中,温度、湿度和机器老化等原因会导致复印件灰
度特性发生变化(劣化)。PASCAL 控制用于稳定复印图像的灰度特性——补
偿灰度特性的变化使之能抑制温度、湿度和机器老化对复印图像灰度特性的
影响。

控制过程:维修模式→COPIER→ADJUST→PASCAL→打印输出合适的、存
储在主控板中的测试图→在读取单元(稿台玻璃)上放置打印出来的测试图、使
扫描器读取该图→机器准备图像修正表(数据处理,仅用于复印模式)→结束。

29

2.2 显影系统的维修代码

2.2.1 故障代码

表 2−1 所列为显影系统故障代码的产生原因及对策。

表 2−1　显影系统故障代码表

故障代码		故障部位	故障原因	对　策
主码	子码			
E020	0000	副粉仓和显影器之间的通道被板结的色粉块阻塞或色粉传感器故障	副粉仓色粉传感器检测有色粉、显影器色粉传感器检测无色粉。显影离合器 ON、色粉输送螺杆电机间隔 1s 旋转 194 次（大约 388s），显影器色粉传感器仍未检测到有色粉	(1)清除板结的色粉块； (2)检查、必要时更换显影器色粉传感器； (3)检查、必要时更换副粉仓色粉传感器； (4)更换 DC 控制板
E024	0000	显影器插头断开或色粉传感器断开	100ms 内 10 次未检测到显影器色粉传感器连接信号	(1)检查显影器色粉传感器的连接，必要时更换显影器色粉传感器； (2)更换 DC 控制板
E024	0001	显影器插头断开或色粉传感器断开	显影器色粉传感器连线断开。iR3225、iR3225F、iR3225N：色粉传感器断开时间超过 7.5min(手送纸为 12.5min)； 　iR3230、iR3230N、iR3235、iR3235F、 iR3235N、 iR3245、iR3245F、iR3245N： 色粉传感器断开时间超过 12.5min	(1)检查、修复显影器传感器连线； (2)更换显影器色粉传感器
E025	0000	色粉仓电机或者色粉筒电机故障	100ms 内 10 次未检测到副粉仓色粉传感器连接信号	(1)检查副粉仓色粉传感器的连接，必要时更换副粉仓色粉传感器； (2)更换检测板
E025	0001	色粉仓电机或者色粉筒电机故障	色粉仓电机旋转时,56ms 内连续 4 次检测到电机错误锁定信号；色粉筒电机旋转时,10ms 内检测到电机错误锁定信号	(1)更换色粉仓电机； (2)更换色粉筒电机； (3)更换 DC 控制板

2.2.2　维修模式

佳能 iR3225、iR3225F、iR3225N、iR3230、iR3230N、iR3235、iR3235F、iR3235N、iR3245、iR3245F 和 iR3245N 等数码复印机进入维修模式的操作顺序：电源开关 ON（显示用户屏）、按用户模式（＊）键、同时按下数字键 2 和 8、再按"＊"键，机器进入维修模式的第 1 级模式初始屏（按复位键返回到用户屏）；同时按下"＊"键和数字键 2，机器进入维修模式的第 2 级模式初始屏（按复位键返回到第 1 级初始屏）；在初始屏上选择主/中间项目屏（或称第 2/第 3 项目屏，选定项随之显示），用前页/后页键选择子项目屏（或称第 4 项目屏，按复位键返回到第 1 级或第 2 级初始屏）。图 2-6 所示为屏的显示及选择。

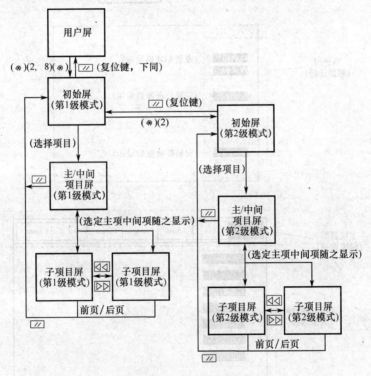

图 2-6　屏的显示及选择

图 2-7 所示为维修模式的分类、初始屏和主/中间项目屏的显示说明；图 2-8所示为子项目屏的显示说明。按 1 次复位键返回到初始屏，按 2 次（或 3 次，对于第 2 级模式）复位键退出维修模式，显示用户屏。佳能 iR3225、iR3225F、iR3225N、iR3230、iR3230N、iR3235、iR3235F、iR3235N、iR3245、iR3245F 和 iR3245N 等数码复印机的维修模式分 1 和 2 两级，现场维修时应注意操作方法。

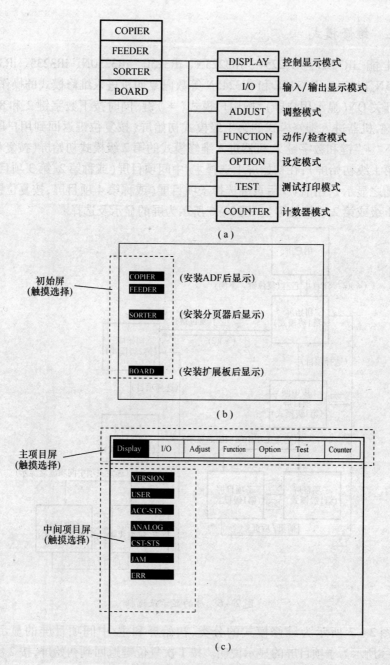

图 2−7 维修模式的分类、初始屏和主/中间项目屏

(a) 维修模式的分类；(b) 初始屏；(c) 主/中间项目屏。

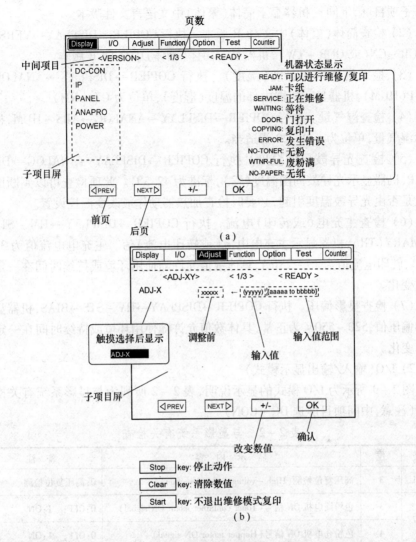

图 2 - 8　子项目屏

(a) 控制显示(DISPLAY)子项目屏;(b) 调整(ADJUST)子项目屏。

2.2.3　检查调整代码

调整未特别说明的,均为第 1 级模式。

1) DISPLAY(控制显示模式)

(1) 检查简体(繁体)中文语言文件版本,第 2 级模式。执行 COPIER(初始屏)→DISPLAY(主项目屏)→VERSION(中间项目屏)→LANG – ZH(或 LANG –

TW,子项目屏,下同),机器显示简体(繁体)中文语言文件版本。

(2) 检查简体(繁体)中文 OCR 版本。执行 COPIER→DISPLAY→VERSION→OCR – CN(或 OCR – TW),机器显示简体(繁体)中文 OCR 版本。

(3) 检查机器内部温度(湿度)。执行 COPIER→DISPLAY→ANALOG→TEMP(HUM),机器显示机器内部的温度(湿度),单位为℃(% RH)。

(4) 检查湿气量。执行 COPIER→DISPLAY→ANALOG→ABS – HUM,机器显示湿气量,单位为 g,0 ~ 20 为适当。

(5) 检查光导鼓周围温度。执行 COPIER→DISPLAY→ANALOG→DR – TEMP,机器显示光导鼓周围温度(℃),标准为 42.5℃。此项检查可以判断图像不良是否由光导鼓温度引起,必要时检查加热器动作或改变温控设置。

(6) 检查主充电(或转印)电流。执行 COPIER→DISPLAY→HV – STS→PRIMARY(TR),机器显示主充电电流(或转印电流)值。主充电电流值为 30 ~ 60μA,转印电流值为 19 ~ 23μA,具体数值允许随使用环境或持续时间在一定范围内变化。

(7) 检查显影偏压。执行 COPIER→DISPLAY→HV – STS→BIAS,机器显示显影偏压值,520 ~ 550V 为正常,具体数值允许随使用环境或持续时间在一定范围内变化。

2) I/O(输入/输出显示模式)

图 2 – 9 所示为 I/O 模式的显示说明,表 2 – 2 所列为与显影系统有关检查内容(注意,中间项目屏选 DC – CON)。

表 2 – 2　与显影系统有关检查

地址	位	显　示　内　容	备　注
P001	3	高压复位检测(High – voltage reset detection)	0:高压复位检测
P007	3	色粉筒电机 ON 信号(Toner container motor ON signal)	0:OFF; 1:ON
	4	色粉仓电机 ON 信号(Hopper motor ON signal)	0:OFF; 1:ON
P015	3	色粉水平检测信号(Toner level detection signal)	1:有色粉
P016	7	显影器色粉传感器连接检测(Developing assembly toner sensor connection detection)	0:连接
	13	副粉仓过载电流检测信号(Sub hopper overcurrent detection signal)	0:检测到过载电流
	14	副粉仓传感器(Sub hopper sensor)	0:无色粉
	15	副粉仓连接检测(Sub hopper sensor connection detection)	0:连接

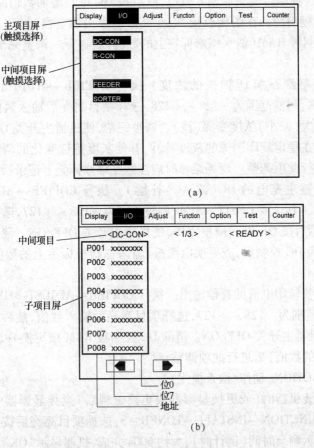

主项目屏
（触摸选择）

中间项目屏
（触摸选择）

| Display | I/O | Adjust | Function | Option | Test | Counter |

DC-CON
R-CON

FEEDER
SORTER

MN-CONT

(a)

中间项目

| Display | I/O | Adjust | Function | Option | Test | Counter |

<DC-CON>   < 1/3 >   < READY >

P001 xxxxxxxx
P002 xxxxxxxx
P003 xxxxxxxx
P004 xxxxxxxx
P005 xxxxxxxx
P006 xxxxxxxx
P007 xxxxxxxx
P008 xxxxxxxx

子项目屏

位0
位7
地址

(b)

图 2-9 I/O 显示模式的显示

(a) I/O 显示模式的主/中间项目屏；(b) I/O 显示模式的子项目屏。

3）ADJUST(调整模式)

（1）调整激光功率。执行 COPIER→ADJUST→LASER→POWER,调整范围为 -128 到 +127,选择项目高亮后输入数值,然后按 OK 键。现场维修时应注意,清除 DC 控制板 RAM 或换板后应输入维修标签上的数值,调整后亦应在维修标签上做记录。

（2）调整显影偏压的 DC 补偿。执行 COPIER→ADJUST→DEVELOP→DE-OFST,调整范围为 -128 ~ +127,选择项目高亮后输入数值,然后按 OK 键。图像模糊或浓度浅时进行此项调整。数值增大(减小)浓度变深(浅)。调整完毕,使机器主开关 OFF/ON。

（3）调整图像浓度。执行 COPIER→ADJUST→DENS→DENS-ADJ,调整范

围为 1~9,选择项目高亮后输入数值,然后按 OK 键。增加数值减少空白,减少数值降低模糊图像。在图像模糊,或在高浓度区出现空白(转印不良引起),或清除 DC 控制板 RAM(输入维修标签上的数值)后进行。调整完毕,使机器主开关 OFF/ON。

(4) 调整测试打印扫描的浓度。执行 COPIER→ADJUST→PASCAL→OFST-P-K,调整范围为 -128~+128,选择项目高亮后输入数值,然后按 OK 键。数值增大(减小)浓度变深(浅)。调整完毕,使机器主开关 OFF/ON。该项调整主要用在稳定复印图像的灰度特性,补偿灰度特性变化的调整。更换读取板后也需进行此项调整。现场维修时应注意在维修标签上记录所做调整。

(5) 调整主充电的 DC(或 AC)补偿 1。执行 COPIER→ADJUST→HV-PRI→OFST1-DC(或 OFST1-AC),调整范围为 -128~+127,选择项目高亮后输入数值,然后按 OK 键。调整完毕,使机器主开关 OFF/ON。清除 DC 控制板 RAM,或更换 DC 控制板,或更换电源板(输入在新板标签上的数值)后,进行此项调整。

(6) 调整转印电流的补偿输出。执行 COPIER→ADJUST→HV-TR→TR-OFST,调整范围为 -128~+127,选择项目高亮后输入数值,然后按 OK 键。调整完毕,使机器主开关 OFF/ON。清除 DC 控制板 RAM 或更换 DC 控制板(输入新板标签上的数值)后进行此项调整。

4) FUNCTION(动作/检查模式)

(1) 安装机器时(或更换显影器或更换磁辊后)搅拌显影器中色粉。执行 COPIER→FUNCTION→INSTALL→TONER-S,选择项目高亮后按 OK 键。操作期间机器显示剩余时间(倒计时),大约 600s 完成,机器显示"OK"。

(2) 检查显影离合器(CL3)动作。执行 COPIER→FUNCTION→PART-CHK→CL,选择项目高亮,输入 3(选定显影离合器 CL3),然后按下 OK 键;执行 COPIER→FUNCTION→PART-CHK→CL-ON,显影离合器 CL3 ON 0.5s→OFF 10s→ON 0.5s→OFF 10s→ON 0.5s→OFF。检查完毕,使机器主开关 OFF/ON。

(3) 检查色粉筒电机(M5)和色粉仓电机(M12)动作。执行 COPIER→FUNCTION→PART-CHK→MTR,选择项目高亮,用数字键输入代码(色粉筒电机 M5 的代码为 5,色粉仓电机 M12 的代码为 9)按 OK 键;按 MTR-ON,色粉筒电机 M5 ON 5s(色粉仓电机 M12 ON 10s)。现场维修时应注意,检查色粉筒电机 M5 时,应将色粉筒取出,否则会导致机内漏粉的情况。

5) OPTION(设定模式)

(1) 转印高压控制从固定电流模式转换到固定电压模式。执行 COPIER→OPTION→BODY→TRANS-SW,选择项目高亮,输入数值 1 或 2(1 为固定电压模式 1,2 为固定电压模式 2),然后按下 OK 键。数值 0 为不切换,机器出厂时的设置或清除 RAM 后的设置均为 0。设定完毕,使机器主开关 OFF/ON。

（2）省粉模式,第 2 级模式。执行 COPIER→OPTION→BODY→COTDPC - D,选择项目高亮,输入数值 1、2 或 3（1 大约省粉 10%,2 大约省粉 20%,3 大约省粉 30%）,然后按下 OK 键。数值 0 为不省粉（正常使用）,机器出厂时的设置或清除 RAM 后的设置均为 0。设定完毕,使机器主开关 OFF/ON。

6）TEST（测试打印模式）

执行 COPIER→TEST→PG→TYPE,选择项目高亮,输入数值 4 至 14（4 为全白,7 为全黑,5、6、10 ~ 14 为半色调,8 和 9 为水平线）按开始键,开始测试打印。该项内容用于分析和判断故障,测试打印完毕,应将数值改回到 0（正常打印）。

7）COUNTER（计数器模式）

执行 COPIER→COUNTER→DRBL - 1→DVG - CYL,机器显示显影辊旋转计数。计数范围为 00000000 到 99999999。数值超过 99999999 后返回到 00000000。用于检查显影辊的使用情况,可作为更换参考。现场维修时应注意,更换显影辊后需将计数清零（用清除键清除计数）。

2.3 显影系统主要零件的更换方法

2.3.1 拆装粉仓

拆下粉仓前,应先取出色粉筒,然后顺序拆下机器的前盖、色粉筒盖、光导鼓组件、接纸盘、左盖、内底盖、内右盖、显影器、预曝光灯和激光扫描器。

1）拆下机器前盖

参照图 2 - 10 拆下机器前盖。

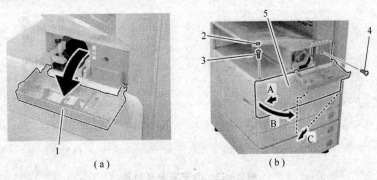

(a)   (b)

图 2 - 10　拆下机器前盖

(a) 打开前盖；(b) 取下前盖。

在图 2-10(a)中,打开前盖 1;在图 2-10(b)中,取下面板胶封 2,拧下螺钉 3 和螺钉 4,依箭头所示 ABC 方向取下前盖 5。

2）拆下色粉筒盖

参照图 2-11 拆下色粉筒盖。

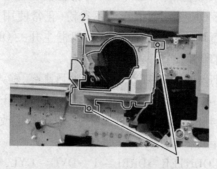

图 2-11　拆下色粉筒盖

在图 2-11 中,拧下 2 颗螺钉 1,取下色粉筒盖 2。

3）拆下光导鼓组件

先取出废粉盒,然后参照图 2-12 拆下光导鼓组件。

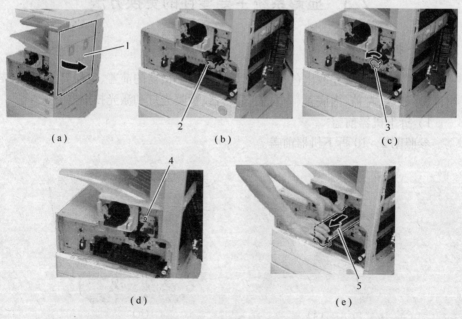

（a）　　　　　　　　（b）　　　　　　　　（c）

（d）　　　　　　　　　　（e）

图 2-12　拆下光导鼓组件

（a）打开右盖；（b）拧下螺钉；（c）释放压力；（d）拧下螺钉；（e）取出光导鼓组件。

在图 2-12(a)中,打开机器右盖 1;在图 2-12(b)中,拧下螺钉 2;在图 2-12(c)中,向左转动锁柄 3,释放显影器压力;在图 2-12(d)中,拧下螺钉 4;在图 2-12(e)中,取出光导鼓组件 5。

4)拆下接纸盘、左盖、内底盖和内右盖

参照图 2-13 拆下接纸盘、左盖、内底盖和内右盖。

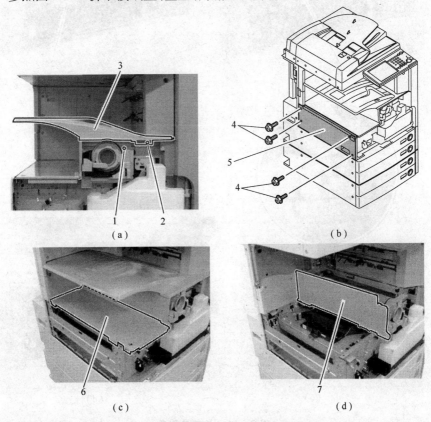

图 2-13 拆下接纸盘、左盖、内底盖和内右盖
(a)拆下接纸盘;(b)拆下左盖;(c)拆下内底盖;(d)拆下内右盖。

在图 2-13(a)中,拧松螺钉 1,拧下螺钉 2,取下接纸盘 3;在图 2-13(b)中,拧下 4 颗螺钉 4,取下左盖 5;在图 2-13(c)中,取下内底盖 6;在图 2-13(d)中,取下内右盖 7。

5)拆下显影器

参照图 2-14 拆下显影器。

在图 2-14(a)中,拧下螺钉 1;在图 2-14(b)中,向左转动锁柄 2,释放显影器压力;在图 2-14(c)中,稍向前拉显影器 3,断开接头 2;在图 2-14(d)中,

39

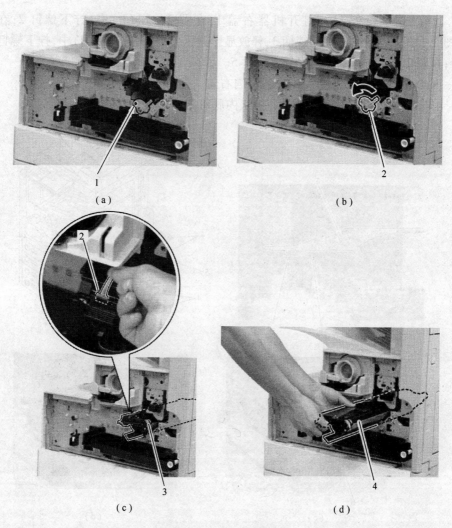

图2-14 拆下显影器

（a）拧下螺钉；（b）释放压力；（c）断开接头；（d）取出显影器。

取出显影器4。

6）拆下预曝光灯

参照图2-15拆下预曝光灯。

在图2-15（a）中，掰开2个线卡1，断开2个中继接头2；在图2-15（b）中，右移锁块3，取出预曝光灯4。

7）拆下激光扫描器

参照图2-16拆下激光扫描器。

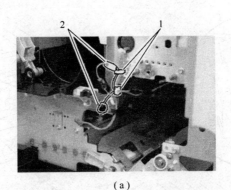

(a)

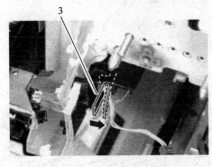

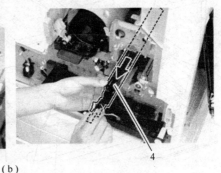

(b)

图 2 – 15　拆下预曝光灯
(a)断开接头;(b)取出预曝光灯。

　　在图 2 – 16(a)中,掰开 5 个线卡 1,断开 4 个接头 2;在图 2 – 16(b)中,拧下螺钉 3,取下限位卡 4;在图 2 – 16(c)中,抬起、拉出激光扫描器 5。

　　8)拆装粉仓

　　参照图 2 – 17 拆装粉仓。

　　在图 2 – 17(a)中,断开 11 个线卡 1 和 3 个接头 2,然后从金属墙板上的孔 3 中拉出线束 4;在图 2 – 17(b)中,断开 2 个接头 5 和 1 个线卡 6,拧下 4 颗螺钉 7,取下粉仓 8;在图 2 – 17(c)中,安装粉仓时,确保环境传感器的电源插头 9 切实接好,否则可能出现复印图像劣化的情况。

2.3.2　拆装色粉输送螺旋电机

　　参照图 2 – 18 拆装色粉输送螺旋电机(色粉仓电机)。

　　在图 2 – 18(a)中,断开接头 1;在图 2 – 18(b)中,拧下螺钉 2,取下色粉输送螺旋电机组件 3;在图 2 – 18(c)中,拧下螺钉 4,从底板 5 上取下色粉输送螺旋电机 6。

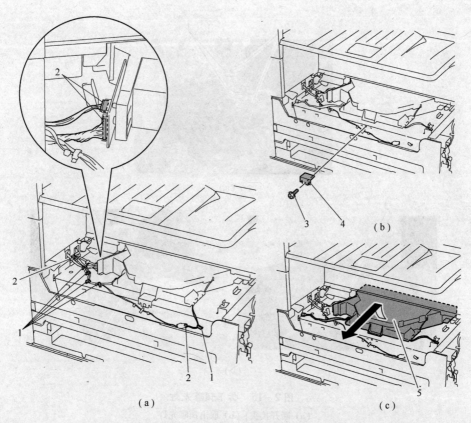

（a）

（b）

（c）

图 2-16 拆下激光扫描器

（a）掰开线卡，断开接头；（b）取下限位卡；（c）取出激光扫描器。

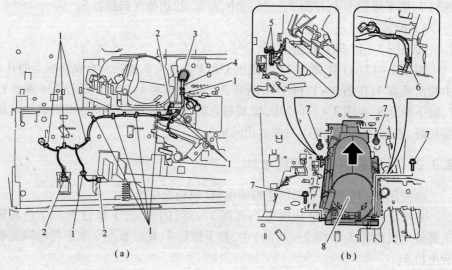

（a）

（b）

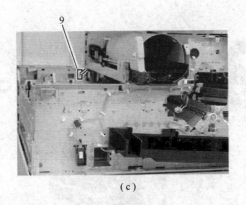

(c)

图 2 - 17 拆装粉仓

(a) 断开线卡;(b) 取出粉仓;(c) 安装粉仓注意事项。

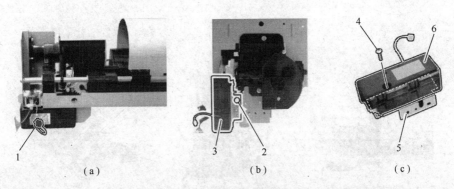

(a)   (b)   (c)

图 2 - 18 拆装色粉输送螺旋电机

(a) 断开接头;(b) 取下色粉输送螺旋电机组件;(c) 取下色粉输送螺旋电机。

2.3.3 拆装副粉仓

参照图 2 - 19 拆装副粉仓。

在图 2 - 19(a)中,拧下副粉仓 1 后面的 2 颗螺钉 2;在图 2 - 19(b)中,确认齿轮 3 的相位如图所示;在图 2 - 19(c)中,拧下 3 颗螺钉 4;在图 2 - 19(d)中,从线卡 5 中释放线缆;在图 2 - 19(e)中,拧下螺钉 6,释放压力臂 7;在图 2 - 19(f)中,从副粉仓 8 上拆下轴套组件 9;在图 2 - 19(g)中,断开接头 10;在图 2 - 19(h)中,从底部取下副粉仓 11。

2.3.4 拆装磁辊

先参照图 2 - 14 拆下显影器,然后参照图 2 - 20 拆装磁辊(显影辊)。

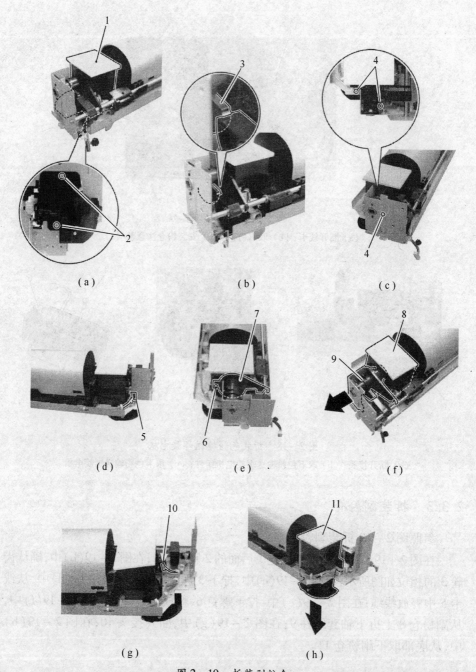

图 2-19　拆装副粉仓

(a) 拧下螺钉；(b) 检查齿轮相位；(c) 拧下螺钉；(d) 释放线缆；
(e) 释放压力臂；(f) 取下轴套组件；(g) 断开接头；(h) 取下副粉仓。

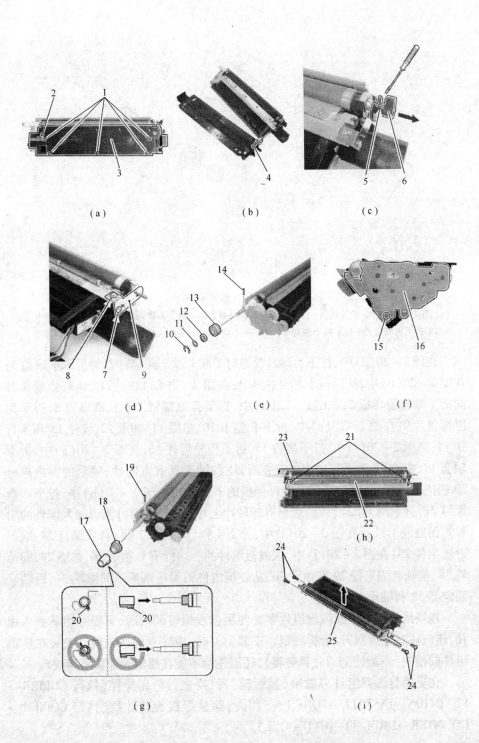

(a)

(b)

(c)

(d)

(e)

(f)

(g)

(h)

(i)

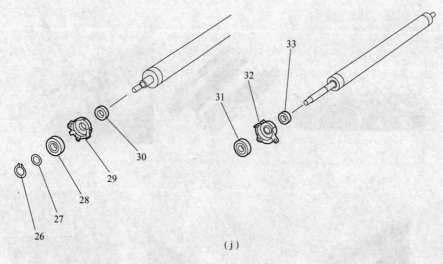

（j）

图 2-20 拆装磁辊

（a）拆下顶盖；（b）断开接头；（c）拆下轴套前导板；（d）拆下角度调整片；（e）拆下 E 型卡等；
（f）拆下齿轮组件；（g）拆下轴套等；（h）拆下刮刀；（i）拆下磁辊组件；（j）拆下间隙轮等。

在图 2-20（a）中，拧下 5 颗自攻螺钉 1 和 1 颗垫圈螺钉 2，然后取下顶盖 3；
在图 2-20（b）中，从顶盖上断开接头 4；在图 2-20（c）中，按压卡 5，依箭头方
向拆下轴套前导板 6；在图 2-20（d）中，拧下自攻螺钉 7 和垫圈螺钉 8，拆下角
度调整片 9；在图 2-20（e）中，拆下 E 型卡 10、垫圈 11、轴承 12、齿轮 13 和平行
销 14；在图 2-20（f）中，拧下螺钉 15，拆下齿轮组件 16；在图 2-20（g）中，拆下
轴套 17、齿轮 18 和平行销 19（安装时，注意轴套具有方向性，轴套的突出部分
20 朝向显影辊，且须放入齿轮组件侧板的下凹处）；在图 2-20（h）中，拧下 2 颗
螺钉 21，拆下刮刀 22（注意，切莫拆卸转印上导板 23，否则可能引起复印件的引
导边污脏或卡纸）；在图 2-20（i）中，拧下 4 颗（前后各 2 颗）自攻螺钉 24，取下
磁辊组件 25；在图 2-20（j）中，从磁辊组件的一端拆下 C 型卡 26、垫圈 27、间隙
轮 28、前轴套固定器 29 和轴承 30，从磁辊组件的另一端拆下间隙轮 31、后轴套
固定器 32 和轴承 33。

现场维修时应注意磁辊组件多处使用自攻螺钉的情况，紧固时切莫损坏螺
孔，还应注意先拆刮刀、后拆磁辊。安装刮刀时，应注意确认磁辊已安装在显影
组件的槽中（不能使刮刀碰到磁辊），还需注意不能在磁辊表面留下指纹。

在更换显影器组件或磁辊（显影辊）后，需进行色粉搅拌（执行 COPIER→
FUNCTION→INSTALL→TONER - S）并清除显影辊旋转计数（执行 COPIER→
COUNTER→DRBL - 1→DVG - CYL）。

2.3.5 拆装色粉传感器

参照图 2 – 21 拆装色粉传感器(显影器色粉传感器 TS1)。

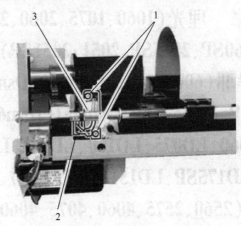

图 2 – 21 拆装色粉传感器

在图 2 – 21 中,拧下 2 颗螺钉 1,断开接头 2,拆下色粉传感器 3(显影器色粉
传感器 TS1)。

第3章 理光(1060、1075、2060、2075、2060SP、2075SP、2051、2051SP)、基士得耶(6002、7502、Dsm660、Dsm675、Dsm660SP、Dsm675SP、Dsm651、Dsm651SP)、雷力(LD060、LD075、LD160、LD175、LD160SP、LD175SP、LD151、LD151SP)、萨文(2560、2575、4060、4075、4060SP、4076SP、4051、4051SP)数码复印机

3.1 显影系统的组成与过程控制

3.1.1 显影系统的组成

图3-1所示为显影系统的组成。

在图3-1(a)中,1为色粉过滤器,2为色粉搅拌器,3为色粉输送螺旋,4为色粉仓,5为供粉辊,6为显影剂(色粉与载体)搅拌器,7为TD传感器,8为叶轮,9为光导鼓,10为显影辊,11为刮刀,12为分离器。

理光(1060、1075、2060、2075、2060SP、2075SP、2051和2051SP)、基士得耶(6002、7502、Dsm660、Dsm675、Dsm660SP、Dsm675SP、Dsm651和Dsm651SP)、雷力(LD060、LD075、LD160、LD175、LD160SP、LD175SP、LD151和LD151SP)、萨文(2560、2575、4060、4075、4060SP、4076SP、4051和4051SP)等数码复印机均使用OPC光导鼓(直径100mm),主充电使用带蚀刻栅网和附有清洁器的双丝充电器(转印、分离和输送使用转印带),使用双组分负电性显影剂,用ID传感器和TD传感器控制色粉浓度。色粉循环系统将从光导鼓表面刮下的残留色粉分为可再用色粉和废粉,其中可再用色粉重送显影器,废粉排入废粉仓。从维修角度看,这些机器的主要区别在定影器。

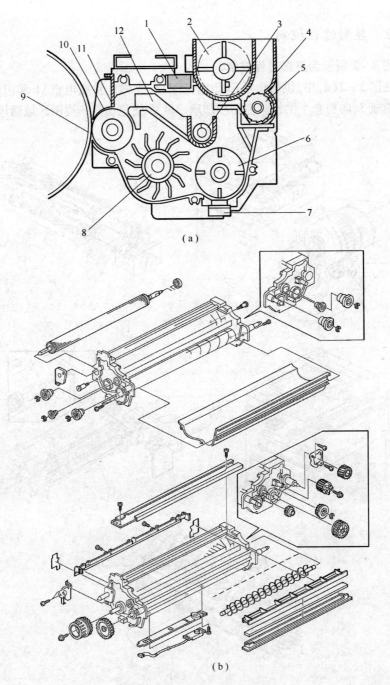

图 3-1 显影系统的组成

(a) 功能元件(剖视图); (b) 各元件安装位置。

3.1.2 显影过程控制

图 3-2 所示为显影过程控制。

在图 3-2(a)中,供粉电机(DC 电机 M22,或称色粉瓶电机)1 和齿轮 2 转动色粉瓶 3,向粉仓 4 供粉。色粉冷却扇(M4)5 使色粉瓶 3 周围区域通风(该风

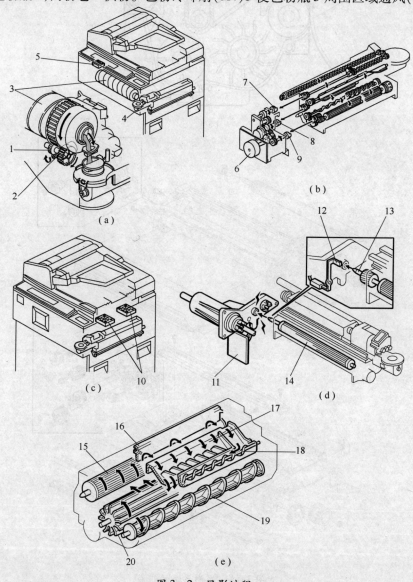

图 3-2 显影过程

(a)供粉;(b)驱动;(c)冷却;(d)施加偏压;(e)显影。

扇在操作板下方,与多面镜电机同时 OFF/ON)。在图 3 - 2(b)中,显影电机(DC 电机 M7)6 通过 3 根轴驱动分离器 7、供粉辊 8 和显影辊 9。在图 3 - 2(c)中,10 为显影器冷却扇(M15 和 M16 均为吸气扇,在机器的手送纸盘上方),2 个冷却风扇随光导鼓电机(M5)ON,在光导鼓电机 OFF 110s 后同时 OFF。在图 3 - 2(d)中,11 为偏压包,12 为偏压端子,13 为显影辊轴,14 为显影辊。偏压包通过端子向显影辊施加偏压(- 550V)。在图 3 - 2(e)中,15 为显影辊,16 为刮刀,17 为分离器,18 为显影剂搅拌器,19 为叶轮,20 为色粉输送螺旋。显影剂(色粉与载体)在显影器中搅拌,色粉与载体摩擦后带负电,经显影辊使光导鼓表面的静电潜像显影。

机器可以选择传感器(TD 传感器和 ID 传感器)控制和图像像素计数两种供粉模式,其中传感器控制模式为出厂的设置。但若 TD 传感器或 ID 传感器不良(或 TD 传感器和 ID 传感器均不良),机器自动改变设置。

机器首次安装载体、或每次更换载体后、或更换 TD 传感器后,需对 TD 传感器进行初始化(进入维修模式,执行 SP2801)。

机器在每张复印后检查无粉传感器。若连续 2 张复印后检查到无粉传感器 ON,供粉电机 ON 1.1s。若最后 100 张复印供粉电机 ON 超过 30 次,机器显示"Toner Near End(色粉接近用完)"。若无粉传感器 ON 超过 1000 张(A4,6% 覆盖率),机器显示"Toner End(无粉)"。

3.1.3　显影系统的电气元件

图 3 - 3 所示为显影系统的电气元件。

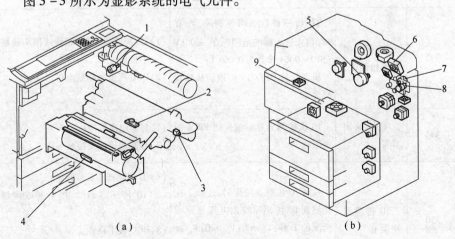

（a）　　　　　　　　　　　　　（b）

图 3 - 3　显影系统的电气元件
(a) 电气元件 1；(b) 电气元件 2。

在图 3-3(a)中,1 为供粉电机 M22,2 为 TD 传感器 S19,3 为无粉传感器 S18,4 为 ID 传感器 S9;在图 3-3(b)中,5 为光导鼓电机 M5,6 为光导鼓冷却扇 M17,7 为显影电机 M7,8 为供粉离合器 MC3,9 为色粉冷却扇 M4。显影冷却扇 M15 和 M16 在机器中的位置参见图 3-2。

3.2　显影系统的维修代码

3.2.1　故障代码

表 3-1 所列为显影系统故障代码的产生原因及对策。

表 3-1　显影系统故障代码表

故障代码	故障部位	故障原因	对　策
340	TD 传感器输出电压 V_t 错误	在每个复印循环,$V_t \leq 0.5V$ 或 $V_t \geq 4.0V$ 被检测到 10 次	(1)TD 传感器不良、断线或接头接触不良; (2)BCU 板或色粉瓶电机不良 注:TD 传感器不良时,用像素计数和 ID 传感器检测供粉
341	TD 传感器调整错误 1	TD 传感器自动调整期间,即便控制设置成最小值(PWM = 0,SP2 - 9061 读数为 0.00V),但 $V_t \geq 2.5V$; 机器开关 OFF/ON 可取消故障代码显示	(1)TD 传感器不良、断线或接头接触不良; (2)BCU 板或色粉瓶电机不良 注:TD 传感器不良时,用像素计数和 ID 传感器检测供粉
342	TD 传感器调整错误 2	TD 传感器自动调整期间,V_t 在 20s 内未进入标准范围 3.0V ± 0.1V(SP2 - 9061 读数为 0.00V); 机器开关 OFF/ON 可取消故障代码显示	(1)TD 传感器不良、断线或接头接触不良; (2)BCU 板或色粉瓶电机不良
345	显影输出异常	10 次检测到显影偏压比 PWM 的上限高	(1)显影电源故障; (2)显影偏压接头接触不良
350	ID 传感器错误 1	检测 ID 传感器图形时,连续 2 次检测到 ID 传感器输出电压是下面情况的 1 种:$V_{sg} = 0$;$V_{sp} = 0$;$V_{sp} \geq 2.5V$;$V_{sg} < 2.5V$	(1)ID 传感器不良或污脏; (2)ID 传感器断线、接头断或接触不良; (3)BCU 板不良; (4)ID 传感器图像写入失败; (5)充电电源故障

故障代码	故障部位	故障原因	对　策
351	ID 传感器错误 2	检测 ID 传感器图形时,ID 传感器输出电压是 5.0V,而输入到 ID 传感器 PWM 的信号是 0	(1) ID 传感器不良或污脏; (2) ID 传感器断线、接头断或接触不良; (3) BCU 板不良; (4) ID 传感器图像写入失败; (5) 充电电源故障
352	ID 传感器错误 3	检测 ID 传感器图形 2s 期间,ID 传感器图形边缘电压非 2.5V 或 800ms 未检测图形边缘	(1) ID 传感器不良或污脏; (2) ID 传感器断线、接头断或接触不良; (3) BCU 板不良; (4) ID 传感器图像写入失败; (5) 充电电源故障
353	ID 传感器错误 4	ID 传感器初始化时,检测到 ID 传感器输出电压是下面情况的 1 种:对 ID 传感器施加最大(小)PWM 输入时,$V_{sg} < 4.0V (V_{sg} \geqslant 4.0V)$	(1) ID 传感器不良或污脏; (2) ID 传感器断线、接头断或接触不良; (3) BCU 板不良; (4) ID 传感器图像写入失败; (5) 充电电源故障
354	ID 传感器错误 5	检查 V_{sg} 时,V_{sg} 超出调整目标(4.0V ± 0.2V)	(1) ID 传感器不良或污脏; (2) ID 传感器断线、接头断或接触不良; (3) BCU 板不良; (4) ID 传感器图像写入失败; (5) 充电电源故障
355	ID 传感器错误 6	自动调整开始后 20s,V_{sg} 调整不到目标值(4.0V ± 0.2V)	(1) ID 传感器不良或污脏; (2) ID 传感器断线、接头断或接触不良; (3) BCU 板不良; (4) ID 传感器图像写入失败; (5) 充电电源故障
441	显影电机异常锁定	显影电机 ON 时,其锁定信号达到 2s	(1) 驱动机构负载过大; (2) 显影电机不良

3.2.2　维修模式

1）进入和退出维修模式

本章机器的维修模式分为 SP(维修)模式与 Super SP(SSP)模式,与显影系统有关的维修代码使用 SP 模式。

理光 1060 和 1075、基士得耶 6002 和 7502、雷力 LD060 和 LD075、萨文 2560 和 2575 等机器电源开关 ON,顺序按清除模式键,用数字键输入 1、0、7,按清除/停止键(注意,按住清除/停止键保持 3s 以上),然后按"Copy SP",机器进入 SP 模式(若同时按"Copy SP"和"#"键,则进入 SSP 模式)。

理光(2060、2075、2060SP、2075SP、2051 和 2051SP)、基士得耶(Dsm660、Dsm675、Dsm660SP、Dsm675SP、Dsm651 和 Dsm651SP)、雷力(LD160、LD175、LD160SP、LD175SP、LD151 和 LD151SP)、萨文(4060、4075、4060SP、4076SP、4051 和 4051SP)等机器若不能进入 SP 模式,可先请管理员用用户工具登录,然后将维修模式锁定关闭。在管理员登录后,执行用户工具→系统设置→管理员工具→维修模式锁→关闭(维修模式解锁),然后再进入 SP(或 SSP)模式。

按 Exit 两次,退出 SP(SSP)模式,返回复印窗口。

2）维修模式屏

图 3-4 所示为机器的维修模式屏及说明。

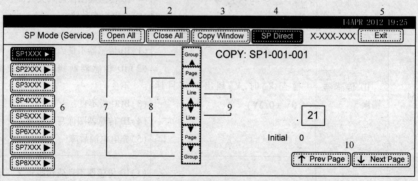

图 3-4　维修模式屏

在图 3-4 中,1 为 Open All,打开全部维修代码;2 为 Close All,关闭全部维修代码,恢复到初始 SP 模式屏;3 为 COPY Windows,复印模式窗口,可做测试复印;4 为 SP Direct,输入维修代码,输入维修代码后按"#"键(输入维修代码前 SP Direct 须高亮,否则按一下 SP Direct 使之高亮);5 为 Exit(退出),按 2 次退出 SP 模式;6 为 SPn×××,按组号打开维修代码清单;7 为 Group,按下滚动显示上/下组;8 为 Page,按下滚动显示上/下页;9 为 Line,按下滚动显示上/下行;10 为

54

Prev Page 或 Next Page,按下选择清单的上/下页。

3) 输入维修代码

在窗口左边选择组号(Group X),用窗口中滚动键 7~9(▲/▼)选择维修代码并按下(见图 3-4,同时激活右边的输入框,显示默认值或当前值)按"·/＊"键选择"-"号,用数字键输入代码;按"#"键设定输入值后按 Yes。

3.2.3 维修代码

1) 维修代码表

表 3-2 所列为与显影系统有关的维修代码(检查调整代码)。

表 3-2　与显影系统有关的维修代码

维修代码		意　　义
主码	子码	
2201	001	调整显影偏压:调整范围为 100V~800V,每挡 10V。此项调整为补偿光导鼓老化的应急措施
	003	调整使用 OHP 复印时的显影偏压:调整范围为 100V~800V,每挡 10V
2207		强制供粉:按 Execute 开始强制供粉。此项调整用于检测供粉情况是否异常。若强制供粉未使图像变深,供粉可能异常
2208		选择供粉模式:0 为传感器控制,1 为图像像素计数。若 TD 传感器故障,可选择图像像素计数模式,不影响机器使用。更换 TD 传感器后,重新设置成传感器控制
2223		显示当前 TD 传感器的输出电压:0~5V
2801		TD 传感器初始化:按 Execute 开始执行。此项设置控制施加到 TD 传感器上的电压,使 TD 传感器的输出大约为 3.0V。但机器自动调整 TD 传感器控制电压(使用维修代码 2967)时的输出为 2.5V。更换 TD 传感器或载体后进行此项设置
2906	002	自动调整 TD 传感器控制电压:初始设置(使用维修代码 2801)时,显示存储的 TD 传感器数据
2963		安装模式:用数字键输入载体袋上沿的批号,按 Execute 进行载体初始化,同时向粉仓强制供粉
2967		自动控制是否只用 TD 传感器检测色粉量:0 为否,1 为只用 TD 传感器
3001	002	ID 传感器初始化:按 Execute,V_{sg} 被调整到 4.0±0.2V。更换或清洁 ID 传感器后、更换或清空 NVRAM 后、更换 BICU 板后进行此项调整
3103	001	显示当前 V_{sg}
	002	显示当前 V_{sp}
5803		输入检查:检查传感器和开关
5804		输出检查:检查电机、离合器等

2）输入检查

进入维修模式,选定维修代码5803,输入检查项目数字（13 为 Exit 检查,15 为 Lock Detection 1 检查）,显示屏显示位与设置,如图 3 – 5 所示。

Bit	7 6 5 4 3 2 1 0
Setting	1 1 0 0 1 0 1 0

图 3 – 5   位与设置的显示

在图 3 – 5 中,Bit 意为"位",Setting 意为"设定值"。与设定值对应的读数 1 或 0 为输入元件的状态。

表 3 – 3 所列为检查无粉传感器和显影电机锁定情况的说明。

表 3 – 3   检查无粉传感器和显影电机锁定

检查项	位	检查元件名称	读数（意义）	
			0	1
13	6	无粉传感器 S18	无粉（色粉用完）	有粉（色粉未用完）
15	6	显影电机 M17 锁定	未锁定	锁定

3）输出检查

进入维修模式,选定维修代码5804,输入待检查的元件号（52 为供粉离合器 MC3,53 为显影电机 M17,56 为供粉电机 M22,67 为显影偏压）后按 ON,电机或离合器动作或显示显影偏压值;按 OFF 停止动作或显示。

现场维修时应注意:不能长时间或反复操作电机或离合器;按 OFF 后才能执行退出操作。

3.3   显影系统主要零件的更换方法

3.3.1   取出显影器,安装载体

如图 3 – 6 所示,取出显影器和安装载体（如果已经安装色粉瓶,先将其取出）。

在图 3 – 6(a)中,拧下螺钉 1,取下快门盖 2;拧下螺钉 3,拉出并右转锁定板 4;在图 3 – 6(b)中,拧下旋钮 5,拧下 2 颗螺钉 6,取下定位板 7;断开 2 个接头 8,关闭供粉快门 9,滑动取出显影器 10;在图 3 – 6(c)中,拧下 2 颗螺钉 11,取下色粉仓 12;在图 3 – 6(d)中,慢转旋钮 13,将载体 14 均匀倒入显影器（注意载体袋上有批号,执行安装模式需输入批号）然后装回粉仓;在图 3 – 6(e)中,依①→②→③的顺序,将显影器向右、向后、向左推入机器,确认定位销 15 在椭圆

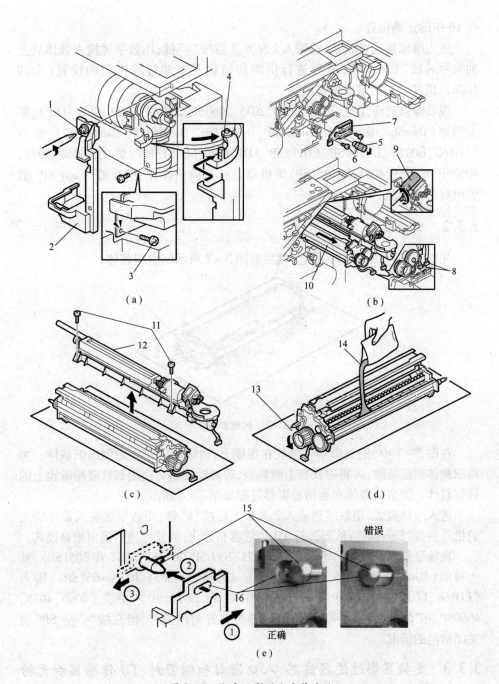

图 3-6 取出显影器和安装载体

(a) 拉出锁定板; (b) 取出显影器; (c) 取下粉仓; (d) 安装载体; (e) 安装显影器。

孔 16 中的正确位置。

　　进入维修模式,用数字键输入 2、9、6、3 后按"#"键;用数字键输入载体袋上的批号后按"Execute";机器进行供粉初始化及自动过程控制的设置(大约 4min);机器停止后退出维修模式。

　　现场维修时应注意,理光(2060、2075、2060SP、2075SP、2051 和 2051SP)、基士得耶(Dsm660、Dsm675、Dsm660SP、Dsm675SP、Dsm651 和 Dsm651SP)、雷力(LD160、LD175、LD160SP、LD175SP、LD151 和 LD151SP)、萨文(4060、4075、4060SP、4076SP、4051 和 4051SP)等机器是打开前门操作,但在按"Copy SP"前关闭前门的情况。

3.3.2　更换载体

　　先如图 3 - 6 所示取下粉仓,然后如图 3 - 7 所示倒出旧载体。

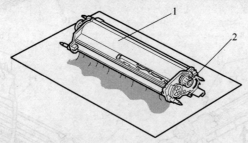

图 3 - 7　倒出旧载体

　　在图 3 - 7 中,把显影器 1 倒放在报纸上,边转动旋钮 2 边倒出旧载体。为将旧载体彻底清除,可将磁铁套上塑料袋,边转动旋钮 2 边用磁铁吸净磁辊上的残留载体。安装新载体和装回显影器过程如图 3 - 6 所示。

　　进入维修模式,用数字键输入 2、8、0、1 后按"#"键;用数字键输入载体袋上的批号后按"Execute";机器进行 TD 传感器初始化;机器停止后退出维修模式。

　　现场维修时应注意,理光(2060、2075、2060SP、2075SP、2051 和 2051SP)、基士得耶(Dsm660、Dsm675、Dsm660SP、Dsm675SP、Dsm651 和 Dsm651SP)、雷力(LD160、LD175、LD160SP、LD175SP、LD151 和 LD151SP)、萨文(4060、4075、4060SP、4076SP、4051 和 4051SP)等机器是打开前门操作,但在按"Copy SP"前关闭前门的情况。

3.3.3　更换显影过滤器滤芯、入口密封和侧密封、TD 传感器和无粉传感器

　　先如图 3 - 6 所示取出显影器,取下粉仓;然后如图 3 - 8 所示更换显影过滤

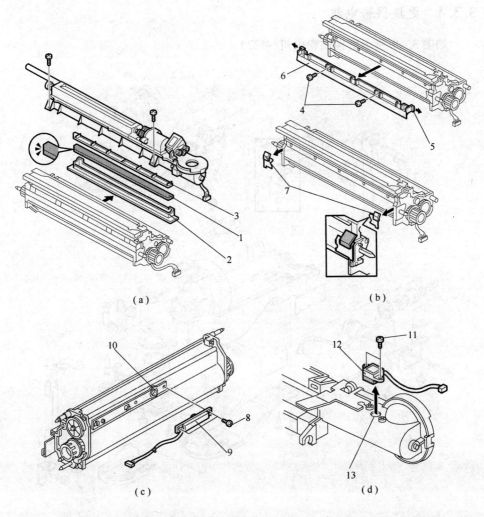

图 3-8　更换显影过滤器滤芯、入口密封和侧密封、TD 传感器和无粉传感器

(a) 更换滤芯；(b) 更换封垫；(c) 更换 TD 传感器；(d) 更换无粉传感器。

器滤芯、入口密封和侧密封、TD 传感器和无粉传感器。

　　在图 3-8(a) 中,1 为滤芯,2 为滤芯架,3 为滤芯架顶盖。更换滤芯 1 后,拭净滤芯架安装位置处色粉,然后装回。在图 3-8(b) 中,拧下 2 颗螺钉 4,掰动两端卡勾 5,取下入口密封 6,然后取下两端侧密封 7。在图 3-8(c) 中,拧下螺钉 8 取下 TD 传感器 9,在安装 TD 传感器前应清洁其端口 10,另需使 TD 传感器初始化(执行维修代码 2801)。在图 3-8(d) 中,拧下 2 颗螺钉 11,取下无粉传感器 12,安装新的无粉传感器前应清洁其端口 13。

3.3.4　更换供粉电机

如图3－9所示更换供粉电机(M22)。

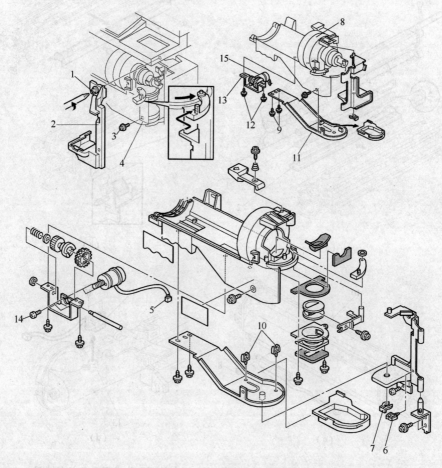

图3－9　更换供粉电机

在图3－9中,1、3、9、12、14 为螺钉,2 为快门盖,4 为锁定板,5 为接头,6
和 10 为线卡,7 为 C 型卡,8 为色粉瓶架,11 为底板,13 为供粉电机架,15 为
供粉电机。

打开前门,向右转动取下色粉瓶;拧下螺钉 1 取下快门盖 2,拧下螺钉 3 拉
出并右转锁定板 4;断开接头 5,从线卡 6 中释放线束,取下 C 型卡 7,取下色粉
瓶架 8;拧下 2 颗螺钉 9,从线卡 10 中释放线束,取下底板 11;拧下 2 颗螺钉 12,
取下供粉电机架 13;拧下 2 颗螺钉 14,取下供粉电机 15。

3.3.5　更换显影电机

如图 3-10 所示更换显影电机(M7)。

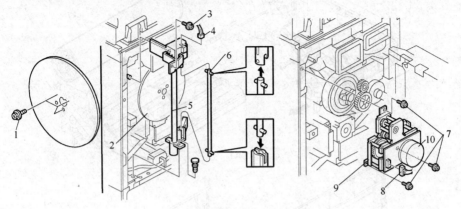

图 3-10　更换显影电机

在图 3-10 中,拧下 3 颗螺钉 1 取下飞轮 2;拧下螺钉 3、断开接头 4,取下废粉输送管 5;拽出色粉输送管 6(橡胶管);拧下 3 颗螺钉 7、断开接头 8、取下显影电机组件 9,取下显影电机 10(拧下 4 颗螺钉)。

3.3.6　更换 ID 传感器

先如图 3-6 所示取出显影器,然后如图 3-11 所示更换 ID 传感器。

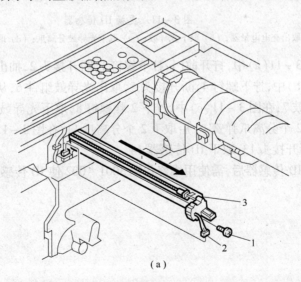

(a)

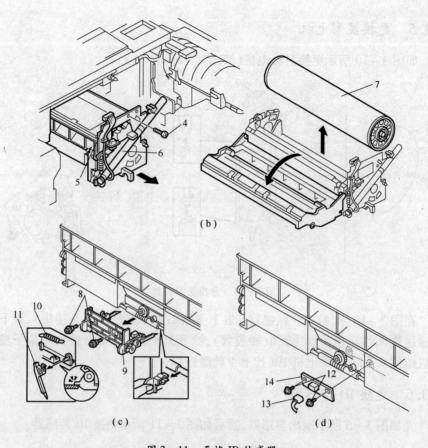

图 3 – 11　更换 ID 传感器

(a) 取出充电电晕器；(b) 取下光导鼓；(c) 取下光导鼓分离爪；(d) 取下 ID 传感器。

在图 3 – 11(a) 中,打开前门,拧下螺钉 1,断开接头 2,抽出充电电晕器 3;在图 3 – 11(b) 中,拧下螺钉 4,断开接头 5,取出光导鼓组件 6,从光导鼓组件 6 上取下光导鼓 7;在图 3 – 11(c) 中,拧下 2 颗螺钉 8,取下光导鼓分离爪支架 9,用镊子取下 2 个分离爪弹簧 10 后取下 2 个分离爪 11;在图 3 – 11(d) 中,拧下 2 颗螺钉 12 断开接头 13,取下 ID 传感器 14。

更换 ID 传感器后,需使用维修代码 3001 – 002 使 ID 传感器初始化。

第4章 东芝(e200L、e202L、e203L、e230、e232、e233、e280、e282、e283)数码复印机

4.1 显影系统的组成与过程控制

4.1.1 显影器

图4-1所示为显影器。

在图4-1(a)中,1为色粉回收螺旋,2为刮刀,3为光导鼓热敏电阻,4为光导鼓,5为桨轮,6为色粉回收辊,7为显影辊,8为搅拌辊①,9为自动色粉传感器,10为搅拌辊②,11为搅拌辊③;在图4-1(b)中,Ⓐ~Ⓠ为安装时的连接顺序。

东芝e200L、e202L、e203L、e230、e232、e233、e280、e282和e283等数码复印机使用OPC光导鼓(直径30mm),主充电使用针状电极,机器使用具有色粉完全循环系统的双组分负电性显影剂,主电机通过齿轮驱动显影系统。

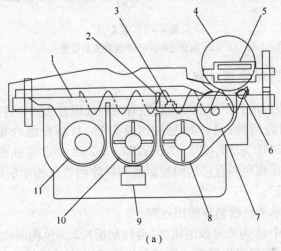

(a)

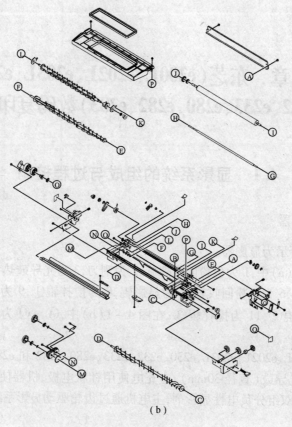

（b）

图 4-1 显影器

（a）功能元件；（b）各元件安装位置。

4.1.2 色粉循环使用过程

从光导鼓表面清扫下来的残留色粉有两种处理方法。一种是排入废粉仓暂存，待废粉仓满后倒掉；另一种是送回显影器，与新粉混合重复使用。东芝 e200L、e202L、e203L、e230、e232、e233、e280、e282 和 e283 等机器属于后种（如再细分，可分为将回收色粉直接送回显影器和筛除回收色粉中的纸毛纸屑等杂质后送回显影器等）。

图 4-2 所示为色粉循环使用过程。

在图 4-2 中，1 为光导鼓清洁器（清扫刮板），2 为色粉回收螺旋，3 为桨轮，4 为色粉仓，5 为色粉回收螺旋，6 为搅拌辊③，7 为搅拌辊②，8 为搅拌辊①，9 为显影辊。黑实线为新粉路径，黑虚线为回收色粉路径。

清扫刮板从光导鼓表面刮下的残留色粉经色粉回收螺旋 2、桨轮 3、色粉回

64

收螺旋5、搅拌辊③6与载体充分搅拌;从色粉筒输送至显影器的新粉经搅拌辊②7与载体充分搅拌;新粉与回收色粉混合后输送至搅拌辊①8,搅拌后输送至显影辊9显影。

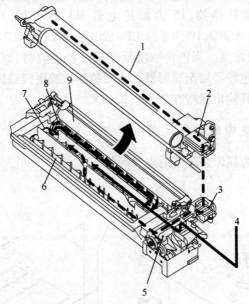

图4-2　色粉循环使用

4.1.3　自动色粉传感器

图4-3所示为自动色粉传感器控制过程。

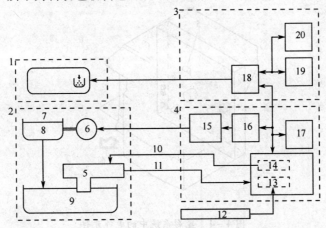

图4-3　自动色粉传感器的控制过程

在图4-3中,1为控制板显示的加粉信号,2为显影器,3为SYS板,4为LGC板,5为自动色粉传感器,6为加粉电机M3,7为色粉筒,8为色粉,9为载体,10为控制电压信号,11为色粉浓度信号,12为温度/湿度传感器,13为模数转换器,14为数模转换器,15为加粉电机M3驱动IC,16为ASIC1,17为NVRAM IC1,18为ASIC2,19为系统CPU,20为NVRAM IC2。自动色粉传感器检测显影器中色粉浓度。当色粉浓度低于某一特定值时,驱动加粉电机M3动作,将色粉筒中的色粉添加至显影器。在安装新机或更换载体后,需对自动色粉传感器初始化,使其输出保持在2.35~2.45V。

4.1.4 显影系统中的电气元件

图4-4所示为显影系统中的电气元件。

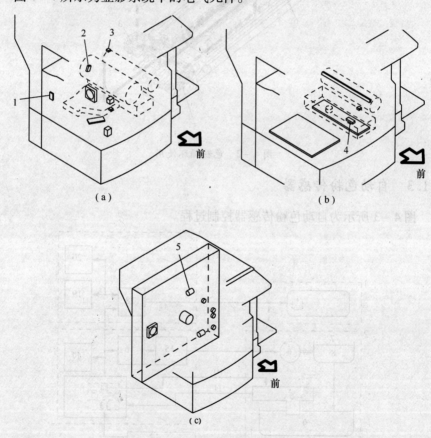

图4-4 显影系统中的电气元件
(a)传感器与开关;(b)传感器;(c)电机。

在图4-4(a)中,1为温度/湿度传感器S8,2为色粉筒安装开关(有/无色粉筒检测)SW4,3为螺旋锁死检查开关SW9;在图4-4(b)中,4为自动色粉传感器S9;在图4-4(c)中,5为加粉电机M3。

4.2 显影系统的维修代码

4.2.1 故障代码

与显影系统有关的故障代码CF60为回收色粉输送区域锁定故障。通常为色粉回收输送螺旋间有板结的色粉块,导致回收色粉阻塞(伴有异常声响,严重时会损毁齿轮)。大中专院校暑假后开学,出现这种故障的概率相对高些。

插头CN305断开或接触不良、线束断也显示故障代码CF60。如果是保养机器后出现故障代码CF60,插紧CN305就能排除故障。此外,LGC(逻辑板)故障也会显示故障代码CF60。

4.2.2 维修模式

维修模式的操作如图4-5所示。

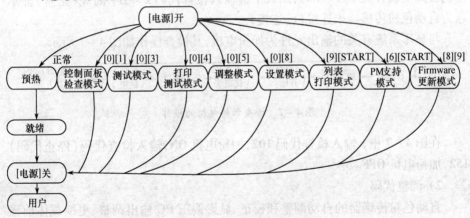

图4-5 维修模式的操作

在图4-5中,[X][Y]表示同时按下的2个键。

4.2.3 检查调整代码

1)检查代码

检查输入和输出元件均使用[0][3]测试模式。其中,与显影系统有关的输入元件包括色粉筒安装开关(有/无色粉筒检测)SW4、螺旋锁死检查开关SW9

和自动色粉传感器 S9。具体检查操作与显示如图 4-6 所示。

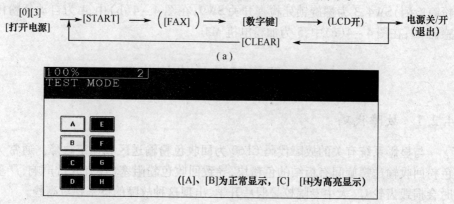

图 4-6　检查输入元件的操作及显示
(a) 操作；(b) 显示。

在图 4-6 中，按[FAX]使[FAX]ON、[FAX] LED ON，用数字键输入检查代码 1，[G]高亮(正常)显示意为螺旋锁定(未锁定)，[H] 高亮(正常)显示意为色粉筒安装开关 OFF(ON)；用数字键输入检查代码 2，[C] 高亮(正常)显示意为自动色粉传感器未连接(已连接)。

与显影系统有关的输出元件为加粉电机，其检查操作如图 4-7 所示。

图 4-7　检查加粉电机的操作

在图 4-7 中，输入检查代码 102，加粉电机 ON，输入检查代码(停止代码)152，加粉电机 OFF。

2) 调整代码

自动色粉传感器的自动调整和校正、显影偏压 DC 输出调整、更换载体前强制色粉回收空转等，使用[0][5]调整模式，具体操作分为 3 种，如图 4-8 所示。

在图 4-8 中，操作 1 用于自动色粉传感器的自动调整，操作 2 用于自动色粉传感器校正和显影偏压 DC 输出调整，操作 3 用于更换载体前强制色粉回收空转。

在图 4-8(a)中，自动色粉传感器的自动调整使用调整代码 200，调整开始后约 2min，数值应能自动设置在 2.35～2.45V 之间。若在手动调整模式下，按下[START]后 2 min 内未做存储操作，将自动开始进行自动调整。

在图 4-8(b)中，自动色粉传感器校正使用调整代码 201，默认值为 164，调

68

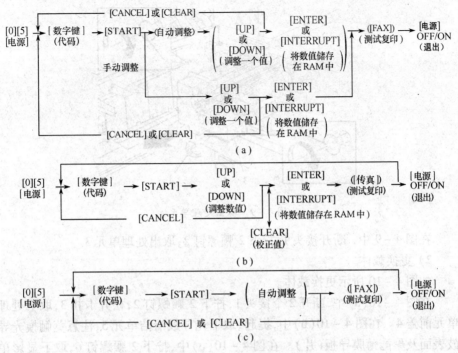

图 4-8 调整代码的操作
(a) 操作 1;(b) 操作 2;(c) 操作 3。

整范围为 0~255,校正自动墨粉传感器设置的控制值;显影偏压 DC 输出调整使用调整代码 205,默认值为 135,调整范围为 0~255,值增加(减少)变压器输出也将相应增加(减少)。显影偏压 DC 输出调整需先取下显影器,然后安装调整夹具。

在图 4-8(c)中,更换载体前强制色粉回收空转使用调整代码 280,其目的是清除清洁器中的色粉。

4.3 显影系统主要零件的更换方法

4.3.1 更换载体

1)取出处理单元

先执行调整代码 05-280,然后打开手送纸(旁路供纸)单元、ADU 和输纸盖、前盖,取出色粉筒,如图 4-9 所示取出处理单元。

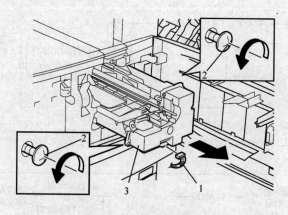

图4-9 取出处理单元

在图4-9中,断开接头1,拧下2颗螺钉2,取出处理单元3。

2) 更换载体

如图4-10所示更换载体。

在图4-10(a)中,断开2个接头1,拧下2颗螺钉2,松开卡扣3,取下处理单元前盖4。在图4-10(b)中,提起、取下光导鼓清洁单元5,注意莫触摸光导鼓表面及聚酯薄膜导板(片)。在图4-10(c)中,拧下2颗螺钉6,取下显影单元上盖1,从显影单元后侧倒出旧载体8,注意不能使旧载体散落在齿轮间。为将旧载体彻底清除,可将磁铁套上塑料袋吸附清除旧载体。在图4-10(d)中,打开载体盖9,为载体瓶拧上管口夹具10,将载体加入显影器,边加入载体边转动显影单元后侧齿轮11,使载体均匀地分布在磁辊表面。

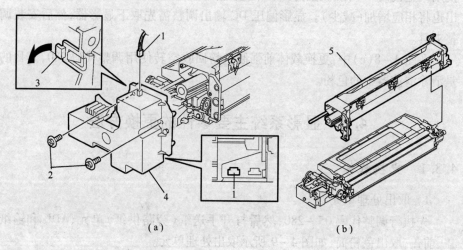

(a)   (b)

70

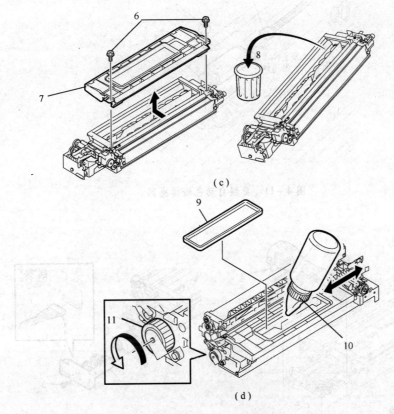

图 4 – 10　更换载体

(a) 取下处理单元前盖；(b) 取下光导鼓清洁单元；(c) 倒出旧载体；(d) 安装新载体。

　　安装完新载体、装回处理单元后,在装入色粉筒之前需进行自动色粉传感器调整,具体内容参见 4.4.2。

4.3.2　更换自动色粉传感器

　　如图 4 – 11 所示更换自动色粉传感器。

　　在图 4 – 11 中,反置显影单元,断开接头 1,拧下螺钉 2,取下自动色粉传感器 3。

4.3.3　更换间隙轮和磁辊

　　如图 4 – 12 所示更换间隙轮和磁辊。

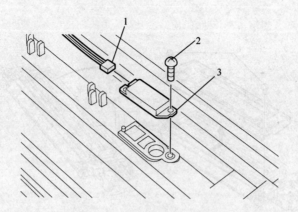

图 4 – 11 更换自动色粉传感器

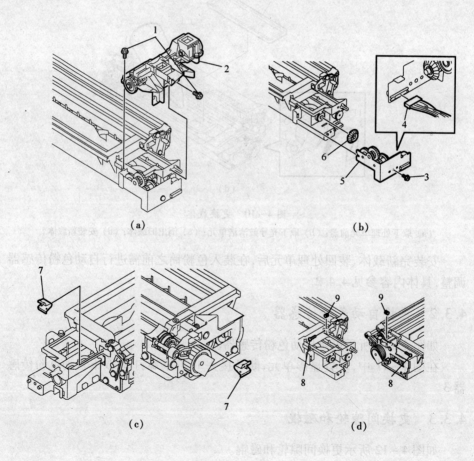

(a)   (b)

(c)   (d)

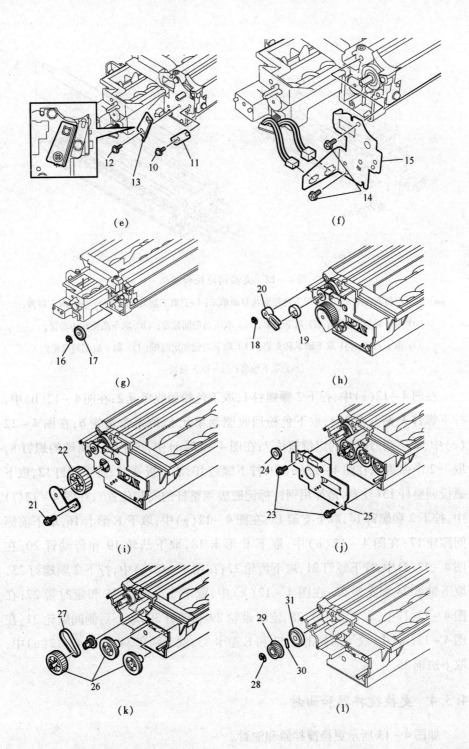

(e)　　　　　　　　　　(f)

(g)　　　　　　　　　　(h)

(i)　　　　　　　　　　(j)

(k)　　　　　　　　　　(l)

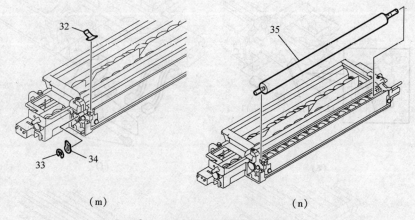

（m） （n）

图4-12 更换间隙轮和磁辊

（a）取下色粉回收单元；（b）取下色粉回收驱动单元；（c）取下刮刀固定簧片；（d）取下弹簧；

（e）取下磁极调整杆；（f）取下支架；（g）取下前侧间隙轮；（h）取下凸轮和传动臂；

（i）取下齿轮；（j）取下轴承和支架；（k）取下齿轮和定时带；（l）取下后侧间隙轮；

（m）取下轴套；（n）取下磁辊。

在图4-12（a）中，拧下2颗螺钉1，取下色粉回收单元2；在图4-12（b）中，拧下螺钉3，断开接头4，取下色粉回收驱动单元5，取下伞齿轮6；在图4-12（c）中，取下刮刀两端的定位簧片7；在图4-12（d）中，拧下刮刀两端的螺钉8，取下2个弹簧9；在图4-12（e）中，拧下螺钉10，取下板簧11；拧下螺钉12，取下磁极调整杆13（注意，最好用钢针标记磁极调整杆的安装位置）；在图4-12（f）中，拧下2颗螺钉14，取下支架15；在图4-12（g）中，取下E形卡16，取下前侧间隙轮17；在图4-12（h）中，取下E形卡18，取下凸轮19和传动臂20；在图4-12（i）中，拧下螺钉21，取下齿轮22；在图4-12（j）中，拧下2颗螺钉23，取下轴承24和支架25；在图4-12（k）中，取下3个齿轮26和定时带27；在图4-12（l）中，取下E形卡28、定时带轮29和销钉30，取下后侧间隙轮31；在图4-12（m）中，取下前侧密封32和E型卡33，取下轴套34；在图4-12（n）中，取下磁辊35。

4.3.4　更换搅拌器和油封

如图4-13所示更换搅拌器和油封。

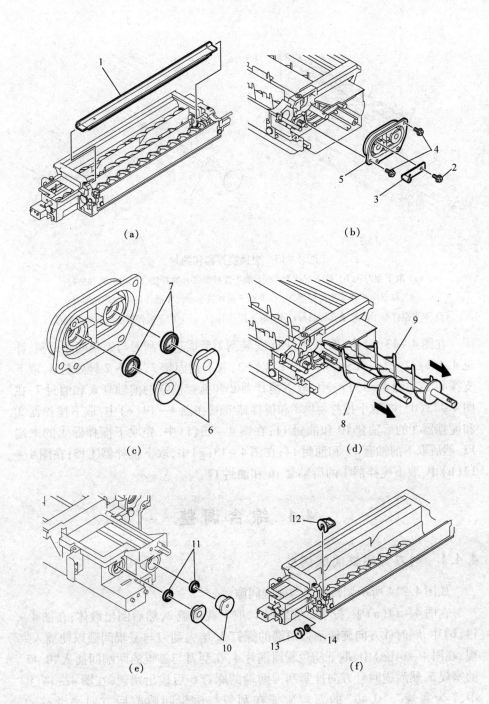

(a)

(b)

(c)

(d)

(e)

(f)

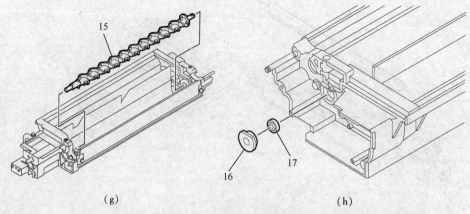

(g)   (h)

图4－13　更换搅拌器和油封

（a）取下刮刀；（b）取下支撑架；（c）取下搅拌器②和搅拌器③的前轴套和油封；
（d）取下搅拌器②和搅拌器③；（e）取下搅拌器②和搅拌器③的后轴套和油封；
（f）取下搅拌器①的前轴套和油封；（g）取下搅拌器①；（h）取下搅拌器①的后轴套和油封。

　　在图4－13（a）中,取下刮刀1（安装刮刀后需进行刮刀与磁辊间隙调整,详见4.4.1）；在图4－13（b）中,拧下螺钉2,取下紧固架3,拧下2颗螺钉4,取下支撑架5；在图4－13（c）中,取下搅拌器②和搅拌器③的前轴套6和油封7；在图4－13（d）中,取下搅拌器②8和搅拌器③9；在图4－13（e）中,取下搅拌器②和搅拌器③的后轴套10和油封11；在图4－13（f）中,先取下搅拌器①的末端12,然后取下前轴套13和油封14；在图4－13（g）中,取下搅拌器①15；在图4－13（h）中,取下搅拌器①的后轴套16和油封17。

4.4　综 合 调 整

4.4.1　刮刀与磁辊间隙调整

　　如图4－14所示调整刮刀与磁辊间隙。

　　在图4－14（a）中,拧下2颗螺钉1,取下载体盖2,然后倒出载体；在图4－14（b）中,顺时针方向旋转刮刀两端的螺钉3,增大刮刀与磁辊间隙以便插入塞规；在图4－14（c）中,取下防色粉泄漏片4,在刮刀与磁辊的两端间插入"0.45"的塞规5,然后逆时针方向拧紧刮刀两端的螺钉6后拔出塞规；在图4－14（d）中,7为塞规。"0.40"的塞规应能在刮刀与磁辊间隙前后方向平滑移动、"0.50"的塞规不能插入刮刀与磁辊间隙为正常；在图4－14（e）中,确认显影器两端侧密封8安装在防色粉泄漏片9上；在图4－14（f）中,加入载体后安装盖

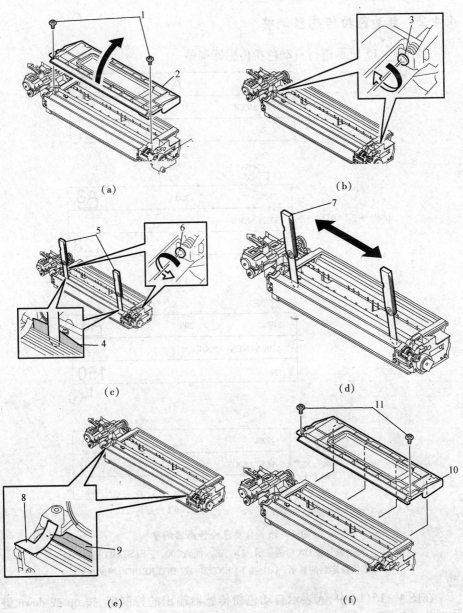

图 4 – 14   调整刮刀与磁辊间隙

(a) 取下载体盖；(b) 加宽间隙；(c) 插入塞规；

(d) 确定间隙；(e) 确认密封；(f) 装回载体盖。

板 10,拧紧 2 颗螺钉 11(如果是安装新载体,需做自动色粉传感器调整,详见

4.4.2)。

4.4.2 自动色粉传感器调整

如图4-15所示进行自动色粉传感器调整。

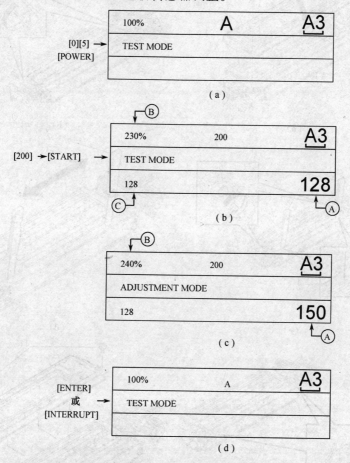

图4-15 自动色粉传感器调整
(a) [0][5]电源开关 ON 后的显示；(b) 输入代码 200，按下[START]后的显示；
(c) Ⓑ值稳定后的显示；(d) 按下[ENTER]或[INTERRUPT]后的显示。

在图4-15(b)中，Ⓐ表示自动色粉传感器输出的控制值，按 up 或 down 键可更改此值；Ⓑ表示自动色粉传感器的输出电压(230%意为2.30V，约2min后此值变化)；Ⓒ为最新的调整值。在图4-15(c)中，Ⓑ值范围应在235%～245%之间(自动色粉传感器的输出电压范围为2.35～2.45V)，若Ⓑ值范围不在235%～245%之间，按 up 或 down 键调整Ⓑ值至235%～245%之间。按 up (down)键，Ⓐ值增加(减少)Ⓑ值增加(减少)。在图4-15(d)中，光导鼓、显影

78

单元停止动作后,电源开关 OFF,装入色粉筒。

4.4.3 显影偏压调整

一般地说,更换 HVT 后需及时检查显影偏压(以及主充电电压、转印电压和分离电压)。机器使用过程中,若主充电电压正常、光路清洁、色粉浓度也正常,但复印图像仍出现模糊的情况,就需安装高压测量夹具,检查和调整显影偏压(标准值为 $-357V \pm 5V$)。显影偏压过低,不仅会降低图像的对比度,而且载体有被光导鼓吸附的趋势,在清扫刮板的作用下,载体可能刮伤光导鼓。

如图 4-16 所示检查和调整显影偏压。

先打开手送纸盘、ADU 和转印盖,然后打开前盖,取出色粉筒。在图 4-16 (a)中,断开接头 1,拧松 2 颗螺钉 2,拉出处理单元 3。在图 4-16(b)中,安装 HVT 夹具 4,拧紧 2 颗螺钉 5。在图 4-16(c)中,拧紧螺钉 6,将 HVT 夹具的绿色线缆 7(接地端)固定到金属墙板 8(机架)上。在图 4-16(d)中,插入门开关工具 9(然后合上转印盖)。在图 4-16(e)中,10 为前盖开关,11 为接地端(绿色线缆)。数字表(输入电阻应大于 $10M\Omega$)置 DC1kV 挡,(+)端子接 HVT 夹具黑色线缆,(-)端子接 HVT 夹具白色线缆。在图 4-16(f)中,同时按住数字键

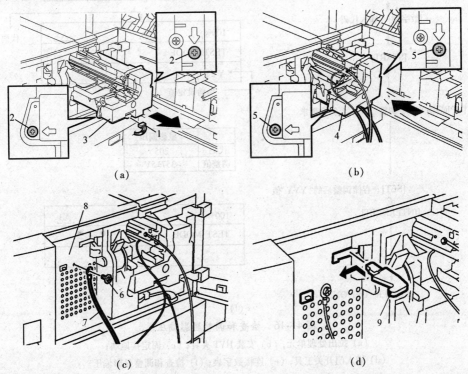

(a) (b)

(c) (d)

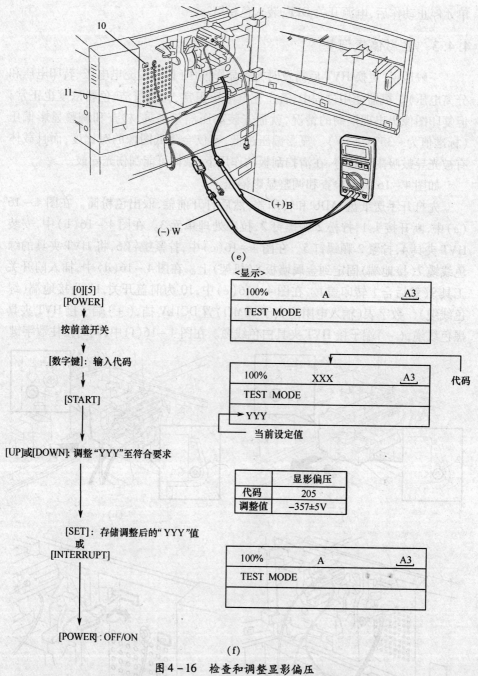

10

11

(+)B

(−)W

(e)

<显示>

100%	A	A3
TEST MODE		

[0][5]
[POWER]

按前盖开关

[数字键]: 输入代码

100%	XXX	A3	代码
TEST MODE			
► YYY			
── 当前设定值			

[START]

[UP]或[DOWN]: 调整 "YYY" 至符合要求

	显影偏压
代码	205
调整值	−357±5V

[SET]: 存储调整后的 "YYY" 值
或
[INTERRUPT]

100%	A	A3
TEST MODE		

[POWER]: OFF/ON

(f)

图 4−16 检查和调整显影偏压

（a）拉出处理单元；（b）安装 HVT 夹具；（c）固定接地端；
（d）插入门开关工具；（e）连接数字表；（f）检查和调整显影偏压。

[0]和[5]，接通电源开关，按一下前盖开关，用数字键输入代码[205]，按[START]键，机器显示显影偏压的当前设定值"YYY"，用[UP]或[DOWN]调整"YYY"至 −357V ±5V，按[SET]或[INTERRUPT]，存储调整后的"YYY"值，然后电源开关 OFF/ON。

第 5 章　柯尼卡美能达
（bizhub200、bizhub222、bizhub250、bizhub282、
bizhub7728、bizhub350、bizhub362）数码复印机

5.1　显影系统的组成与过程控制

5.1.1　显影系统的组成

图 5-1 所示为显影系统的组成。

在图 5-1(a)中,1 为显影器,2 为显影辊,3 为第 1 色粉输送辊,4 为第 2 色粉输送辊,5 为第 3 色粉输送辊,6 为色粉。

柯尼卡美能达 bizhub200、bizhub222、bizhub250、bizhub282、bizhub7728、bizhub350 和 bizhub362 等数码复印机使用 OPC 光导鼓,主充电使用针状电极,转印充电使用转印辊,使用双组分负电性显影剂,色粉可全部回收再用。显影时磁刷不接触光导鼓表面,复印图像不存在尾边模糊或细线断线等情况。其中,柯尼

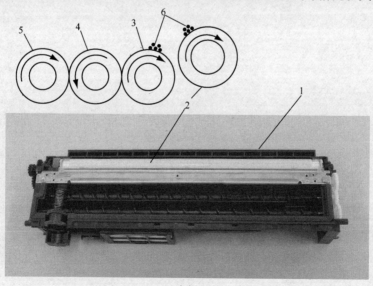

（a）

82

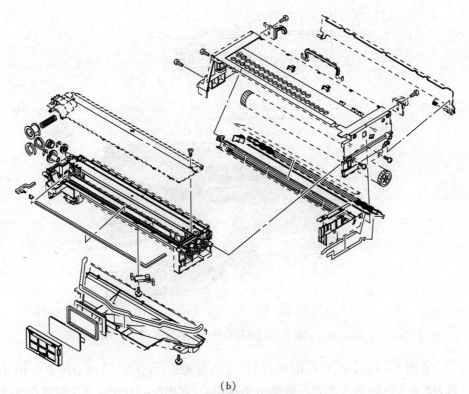

(b)

图 5-1　显影系统的组成

(a) 显影器；(b) 各元件安装位置。

卡美能达 bizhub200、bizhub222、bizhub250、bizhub282 和 bizhub7728 等数码复印机的系统速度为 140mm/s，bizhub350 和 bizhub362 等数码复印机的系统速度为160mm/s。

5.1.2　显影过程控制

1）ATDC 传感器

图 5-2 所示为 ATDC 传感器的位置。

在图 5-2 中，1 为 ATDC 传感器（2 为显影辊）。该传感器为磁性传感器，安装在显影器底部，通过测量显影器内部磁导率检测色粉与载体的比率（T/C）。显影器倒空后才能更换 ATDC 传感器，更换载体后必须进行 ATDC 传感器调整。

2）显影与供粉驱动

IU 电机提供传输动力，先将色粉从色粉瓶输送至副粉仓，然后再依 ATDC 传感器检测 T/C 比率将色粉从副粉仓输送至显影器，如图 5-3 所示。

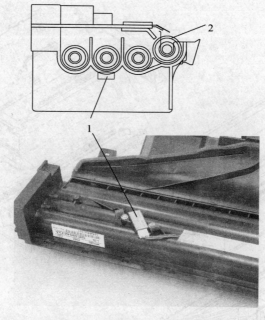

图 5 - 2　ATDC 传感器的位置

在图 5 - 3(a)中,1 为 IU 电机 M2,2 为显影辊;在图 5 - 3(b)中,3 为 IU 电机 M2,4 为色粉瓶,5 为色粉瓶架,6 为副粉仓;在图 5 - 3(c)中,7 为副粉仓,8 为主粉仓电磁开关 SL2(SL2 ON 时色粉瓶旋转),9 为驱动组件,10 为色粉瓶驱动,11 为传动齿轮(IU 电机 M2 驱动),12 为副粉仓电磁开关 SL1(SL1 ON 时副粉仓动作),13 为传动齿轮(驱动副粉仓)。

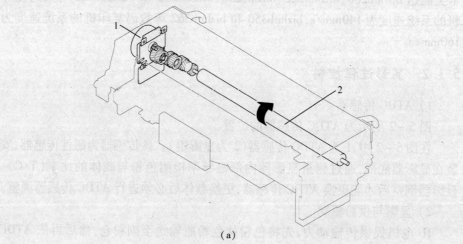

(a)

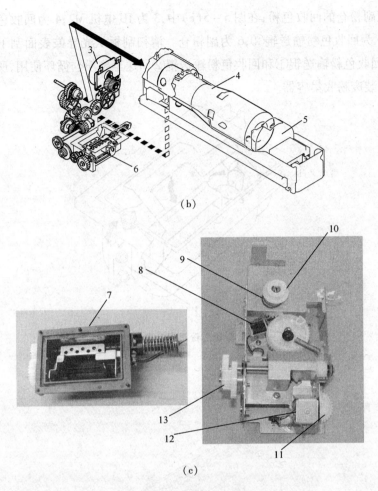

(b)

(c)

图 5 - 3 显影与供粉驱动

（a）驱动显影辊；（b）驱动色粉瓶；（c）副粉仓及驱动组件。

3）色粉用完检测

副粉仓色粉用完开关（SW4）检测色粉用完状态。副粉仓中色粉量少时，磁铁位置下降，触发副粉仓色粉用完开关；而后主粉仓电磁开关 SL2 ON，色粉瓶旋转向副粉仓供粉。图 5 - 4 所示为副粉仓色粉用完开关 SW4 的位置。

在图 5 - 4 中，1 为副粉仓色粉用完开关 SW4。

4）色粉循环路径

图 5 - 5 所示为色粉循环路径。

在图 5 - 5(a) 中，1 为副粉仓中来自色粉瓶的新色粉；在图 5 - 5(b) 中，2 为输送至副粉仓的回收色粉;在图5-5(c)中,3为IU电机M2,4为回收色粉输送辊①,5为回收色粉输送辊②,6为副粉仓。清扫刮板从光导鼓表面刮下残留色粉,经回收色粉输送辊①和回收色粉输送辊②回送至副粉仓循环使用,所以机器上未安装废粉收集容器。

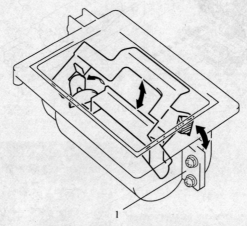

图5-4 副粉仓色粉用完开关SW4的位置

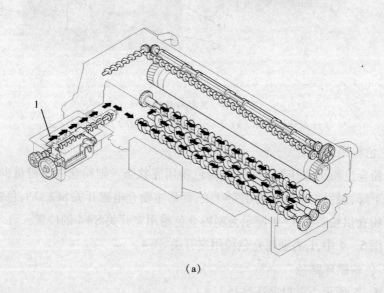

(a)

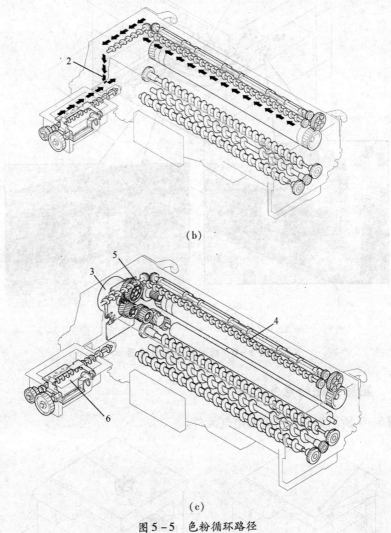

（b）

（c）

图 5 - 5   色粉循环路径

（a）新色粉路径；（b）回收色粉路径；（c）回收色粉输送。

5）吸粉风扇与过滤器

图 5 - 6 所示为吸粉风扇与过滤器。

在图 5 - 6 中，1 为吸粉风扇 M11，2 为吸粉管道，3 为显影器色粉过滤器。为保证复印图像和机器内部清洁，用吸粉风扇捕捉显影过程扬起的色粉颗粒，使色粉颗粒聚积在过滤器处（需定期更换过滤器）。

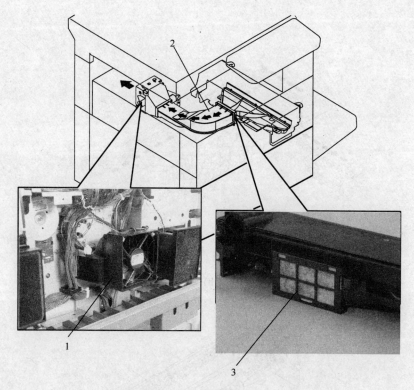

图 5-6　吸粉风扇与过滤器

5.1.3　显影系统的电气元件

图 5-7 所示为显影系统的电气元件。

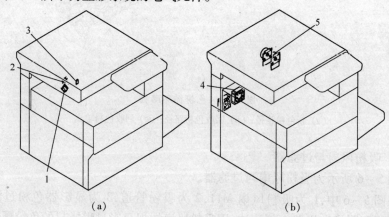

图 5-7　显影系统的电气元件
(a) 电气元件 1；(b) 电气元件 2。

在图 5-7(a)中,1 为副粉仓电磁开关 SL1,2 为主粉仓电磁开关 SL2,3 为副粉仓色粉用完开关 SW4;在图 5-7(b)中,4 为吸粉风扇 M11,5 为 IU 电机 M2。

5.2　显影系统的维修代码

5.2.1　故障代码

柯尼卡美能达 bizhub200、bizhub222、bizhub250、bizhub282、bizhub7728、bizhub350 和 bizhub362 等数码复印机的故障代码分为 A、B、C 三级,与显影系统相关的故障代码为 B 级和 C 级。具体来说,故障代码 C2211、C2557 和 C255C 为 B 级,C2351 为 C 级。排除故障后,B 级故障代码可开关机器前门复位,C 级故障代码使电源开关 OFF、10s 后电源开关 ON 复位。

(1) 故障代码 C2211 为 IU 电机故障。检查 IU 电机 M2 的连接情况,必要时更换机械控制板(PWB-A)或电源板(PU1)。

(2) 故障代码 C2351 为吸粉风扇 M11 故障。检查 M11 的连接情况以及是否过载,必要时更换机械控制板(PWB-A)或电源板(PU1)。

(3) 故障代码 C2557 为 ATDC 传感器故障,故障代码 C255C 为 ATDC 调整故障。检查 ATDC 传感器的连接情况,必要时更换 ATDC 传感器、机械控制板(PWB-A)或电源板(PU1)。现场维修时应特别注意,更换 ATDC 传感器后需运行 F8。

5.2.2　维修模式

1) 进入维修模式(技术代表模式)

按 Utility/Counter(效用/计数器)键、触摸[Check Detail](检查内容)、顺序按"停止(Stop)键→0→0→停止(Stop)键→0→1"各键,输入 8 位数密码(默认值为 00000000)后触摸[END](结束),机器进入维修模式。图 5-8 所示为维修模式屏显示。

在图 5-8 中,Tech. Rep. Mode 意为技术代表模式,Tech. Rep. Choice 意为技术代表选项,System Input 意为系统输入,Administrator # Initialize 意为管理员密码初始化,Counter 意为计数器,Function 意为功能,I/O Check 意为输入/输出检查,Operation Check 意为操作检查,CS Remote Care 意为远程控制,ROM Version 意为 ROM 版本,Level History 意为电平历史,FAX Set 意为传真设置,Soft Switch Settings 意为软开关设置。

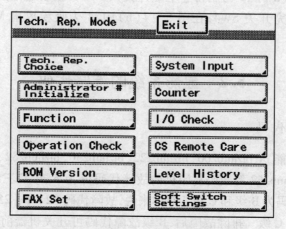

图 5-8　维修模式屏

2）退出维修模式

触摸［Exit］（退出），退出维修模式。

3）更改设置值

机器可以使用"+／-"键或数字键,输入或更改设定值,但输入或更改设定值前需先按 Clear（清除）键。

5.2.3　检查调整内容

1）ATDC 传感器自动调整

更换载体后必须进行调整 ATDC 传感器。顺序按"Tech. Rep. Mode"→"［Function］"→［F8］→START 键,机器进行 ATDC 传感器自动调整,调整完毕自动停止（调整后的设置覆盖 Tech. Rep. Mode→Printer 中 ATDC 传感器增益设置）。

2）检查 ATDC 传感器当前值及进行增益调整

使用备用显影器（或成像单元）时进行此项检查并调整。顺序按"Tech. Rep. Mode"→［Tech. Rep. Choice］→［Printer］（打印机）→［ATDC Sensor Gain］（ATDC 传感器增益）。通常,此时的显示值应与 ATDC 传感器自动调整值相同。否则,按 Clear 键,用数字键更改（范围为 0～255）,使之与 ATDC 传感器自动调整值相同,然后按［END］使设置生效。

3）检查电机与传感器

按 I/O Check→［Printer］,出现 I/O 检查屏,与显影系统有关的检查屏如图 5-9 所示。

90

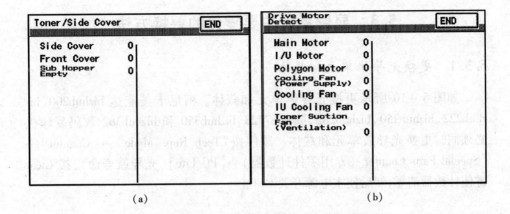

(a)   (b)

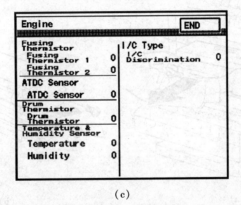

(c)

图 5-9　与显影系统有关的检查屏

(a) 检查副粉仓色粉用完开关；(b) 检查 I/U 电机及吸粉风扇；(c) 检查 ATDC 传感器。

图 5-9(a)在按[Toner/Side Cover]后显示,未加粉时,与 Sub Hopper Empty 对应处 1 和 0 交替显示,加粉后只显示 0;图 5-9(b)在按[Drive Motor Detect]后显示,I/U Motor(I/U 电机)M2 旋转(停止)时,对应处显示 1(0),吸粉风扇(Toner Suction Fan,M11)的显示意义相同;图 5-9(c)在按[Engine]后显示(0 为正常),再按[ATDC Sensor],显示 ATDC 传感器的模拟值。

4) 检查色粉计数器

顺序按"Tech. Rep. Mode"→[Counter]→[Check]([Counter Reset])可检查(计数器清零)特定计数器读数。计数器清零后按[OK]键。其中,"Toner Pages: Number of pages equivalent to the number of black dots on A4 original with B/W 5%",意为"色粉页数:相当于 B/W 比率为 5% 时 A4 原稿上黑点数的页数"。

5.3　显影系统主要零件的更换方法

5.3.1　更换光导体单元和载体

如图 5 – 10 所示更换光导体单元和载体。柯尼卡美能达 bizhub200、bizhub222、bizhub250、bizhub282、bizhub7728、bizhub350 和 bizhub362 数码复印机必须同时更换光导鼓单元和载体。顺序按"Tech. Rep. Mode"→[Counter]→[Special Parts Counter]（专用零件计数器）→[PC Life]（光导鼓寿命），按 Clear键使计数器清零，然后使主电源开关 OFF。

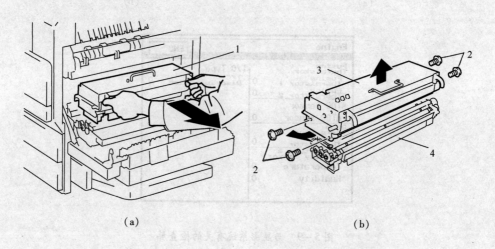

(a)　　　　　　　　　　　　　　　　　　(b)

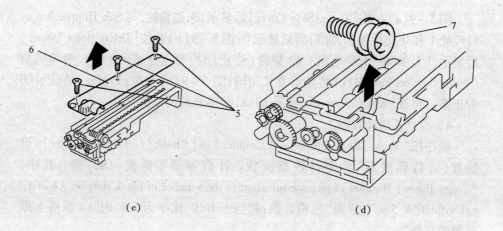

(c)　　　　　　　　　　　　　　　　　　(d)

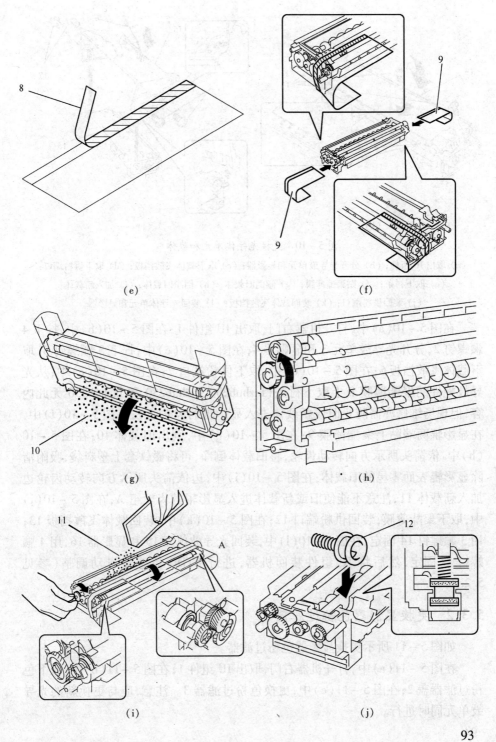

(e)

(f)

(g)

(h)

(i)

(j)

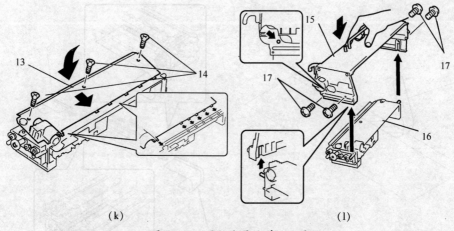

(k)   (l)

图 5 - 10　更换光导体单元和载体

(a) 取出 IU 组件；(b) 分开光导鼓单元和显影器；(c) 取下载体飞散挡板；(d) 取下供粉端口；
(e) 取下衬条；(f) 贴聚酯薄膜；(g) 倾倒出载体；(h) 倒净旧载体；(i) 加入新载体；
(j) 装回供粉端口；(k) 装回载体飞散挡板；(l) 装回光导体单元和显影器。

　　在图 5 - 10(a)中,打开机器右门,取出 IU 组件 1；在图 5 - 10(b)中,拧下 4
颗螺钉 2,分开光导鼓单元 3 和显影器 4；在图 5 - 10(c)中,拧下 3 颗螺钉 5,取
下载体飞散挡板 6；在图 5 - 10(d)中,取下供粉端口 7；在图 5 - 10(e)中,从光
导鼓配件的聚酯薄膜 8 上取下衬条(bizhub200、bizhub250 和 bizhub350 无此内
容,但现场维修亦需防止旧或新载体进入显影辊的齿轮组)；在图 5 - 10(f)中,
在显影辊两端贴上聚酯薄膜 9；在图 5 - 10(g)中,倒出旧载体 10；在图 5 - 10
(h)中,依箭头所示方向转动齿轮,将旧载体倒净,可将磁铁套上塑料袋,吸附清
除显影辊表面零星的旧载体；在图 5 - 10(i)中,边依箭头所示方向转动齿轮边
加入新载体 11,注意不能使旧或新载体进入显影辊的齿轮组 A；在图 5 - 10(j)
中,取下聚酯薄膜,装回供粉端口 12；在图 5 - 10(k)中,装回载体飞散挡板 13,
用 3 颗螺钉 14 固定；在图 5 - 10(l)中,装回光导鼓单元 15 和显影器 16,用 4 颗
螺钉 17 固定,然后将 IU 组件装回机器,进行 ATDC 传感器自动调整(参见
5.2.3)。

5.3.2　更换显影器色粉过滤器

　　如图 5 - 11 所示更换显影器色粉过滤器。

　　在图 5 - 11(a)中,打开机器右门,取出 IU 组件 1；在图 5 - 11(b)中,取下色
粉过滤器盖 2；在图 5 - 11(c)中,更换色粉过滤器 3。注意,应与更换新的光导
鼓单元同时进行。

94

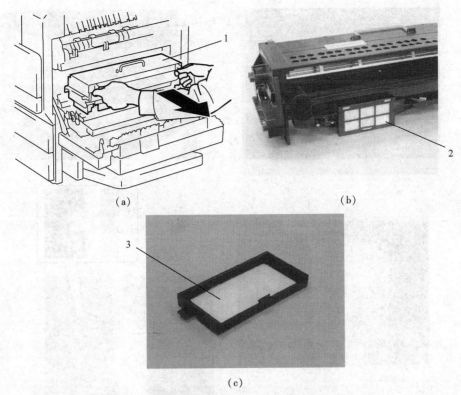

(a)   (b)

(c)

图 5－11　更换显影器色粉过滤器

(a) 取出 IU 组件;(b) 取下色粉过滤器盖;(c) 更换色粉过滤器。

5.3.3　更换补粉驱动组件

先如图 5－12 所示取出 IU 组件,取下机器前门、出纸盖、前右盖、上前盖、中前盖、前盖、接头盖和下前盖,然后如图 5－13 所示更换补粉驱动组件。

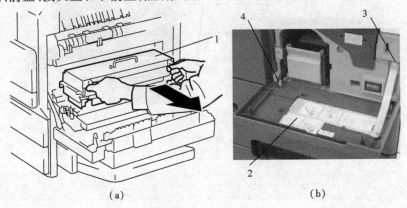

(a)   (b)

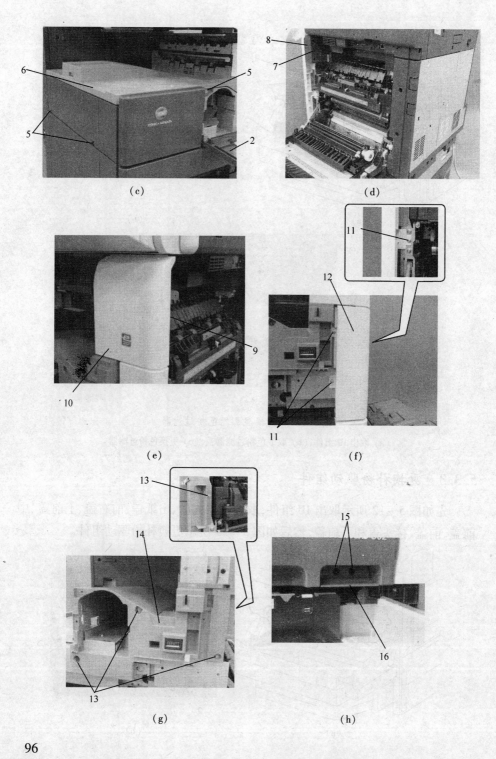

（c）

（d）

（e）

（f）

（g）

（h）

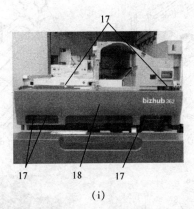

(i)

图 5 - 12 取出 IU 组件和相关门盖

(a) 取出 IU 组件;(b) 取下前门;(c) 取下出纸盖;(d) 取下前右盖;

(e) 取下上前盖;(f) 取下中前盖;(g) 取下前盖;(h) 取下接头盖;(i) 取下下前盖。

在图 5 - 12(a)中,打开机器右门,取出 IU 组件 1;在图 5 - 12(b)中,打开前门 2,拧下螺钉 3,取下 C 形卡 4 后取下前门 2;在图 5 - 12(c)中,打开前门 2,拧下 3 颗螺钉 5,取下出纸盖 6;在图 5 - 12(d)中,拧下螺钉 7,取下前右盖 8;在图 5 - 12(e)中,拧下螺钉 9,取下上前盖 10;在图 5 - 12(f)中,拧下 3 颗螺钉 11,取下中前盖 12;在图 5 - 12(g)中,拧下 4 颗螺钉 13,取下前盖 14;在图 5 - 12(h)中,拧下 2 颗螺钉 15,取下接头盖 16;在图 5 - 12(i)中,拧下 5 颗螺钉 17,取下下前盖 18。

在图 5 - 13(a)中,拧下 5 颗螺钉 1,取下粉仓防护架 2;在图 5 - 13(b)中,拧下螺钉 3,取下粉仓 4;在图 5 - 13(c)中,取下压力弹簧 5;在图 5 - 13(d)中,拧下 4 颗螺钉 6,取下 IU 组件防护架 7;在图 5 - 13(e)中,断开 2 个接头 8,拧下 4 颗螺钉 9,取下粉仓架 10;在图 5 - 13(f)中,拧下 2 颗螺钉 11,断开接头 12;在图 5 - 13(g)中,拧下 2 颗螺钉 13,取下补粉驱动组件 14。

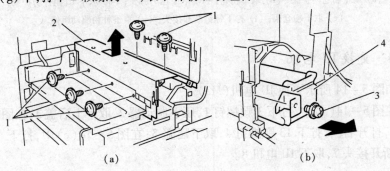

(a)   (b)

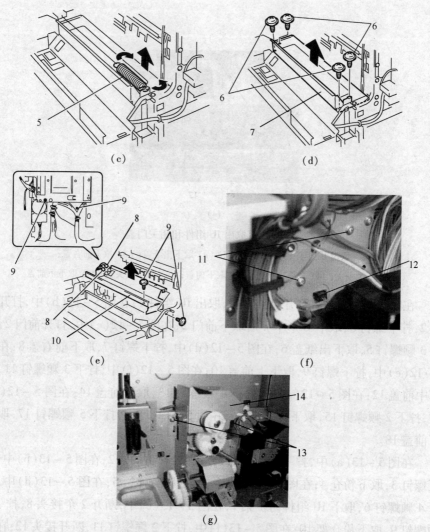

图 5 - 13　更换补粉驱动组件

（a）取下粉仓防护架；（b）取下粉仓；（c）取下压力弹簧；（d）取下 IU 组件防护架；

（e）取下粉仓架；（f）拧下螺钉断开接头；（g）取下补粉驱动组件。

5.3.4　更换 IU 电机

如图 5 - 14 所示更换 IU 电机（M2）。

在图 5 - 14（a）中，拧下 3 颗螺钉 1，压下制动器 2，取下上后盖 3；在图 5 - 14（b）中，打开右门，拧下 13 颗螺钉 4，取下后盖 5；在图 5 - 14（c）中，拧下 4 颗螺钉 6，断开接头 7，取下 IU 电机 8。

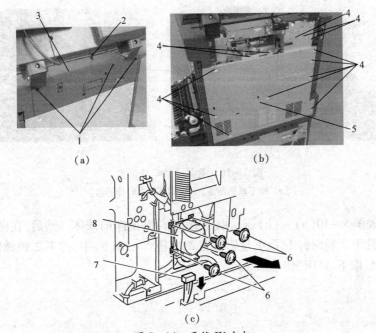

图 5-14 更换 IU 电机

(a) 取下上后盖; (b) 取下后盖; (c) 取下 IU 电机。

5.3.5 更换吸粉电机

如图 5-15 所示更换吸粉电机(M11)。

图 5-15 更换吸粉电机

先如图 5-14 所示取下上后盖和后盖,然后拧下 2 颗螺钉 1,断开 2 个线卡 2,断开接头 3,取下吸粉电机 4。

5.3.6 更换 ATDC 传感器

如图 5-16 所示更换 ATDC 传感器。

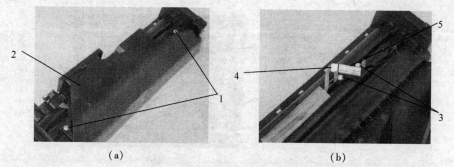

(a)   (b)

图 5 - 16　更换 ATDC 传感器

(a) 取下显影器盖;(b) 取下 ATDC 传感器。

　　先如图 5 - 10(a)～(h)所示取出 IU 组件并倒净旧载体。然后,在图 5 - 16 (a)中,拧下 2 颗螺钉 1,取下显影器盖 2;在图 5 - 16(b)中,拧下 2 颗螺钉 3,断开接头 4,取下 ATDC 传感器 5。

第6章 京瓷（KM3050、KM4050、KM5050）、复印之星（CS3050、CS4050、CS5050）数码复印机

6.1 显影系统的组成与过程控制

6.1.1 显影系统的组成

图6-1所示为显影系统的组成。

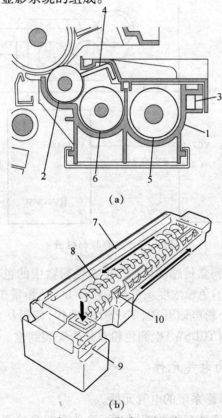

(a)

(b)

图6-1 显影系统的组成

(a) 平面图；(b) 色粉流。

在图 6-1(a)中,1 为显影器外壳,2 为显影辊,3 为色粉传感器(TNS),4 为刮刀,5 为显影左螺旋,6 为显影右螺旋;在图 6-1(b)中,7 为显影辊,8 为显影左螺旋,9 为搅拌轮,10 为显影右螺旋,黑色箭头所示为色粉流向。

京瓷(KM3050、KM4050、KM5050)和复印之星(CS3050、CS4050、CS5050)等数码复印机使用 α-Si 光导鼓(直径 40mm),单组分正电性磁性色粉,主充电使用带栅网和清洁器的单丝正充电器,转印充电使用充电辊。

6.1.2　显影过程控制

图 6-2 所示为显影控制框图。

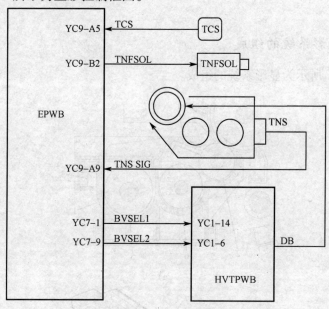

图 6-2　显影控制框图

在图 6-2 中,色粉盒传感器(TCS)检查色粉盒中的色粉余量,色粉传感器(TNS)检测显影器中的色粉浓度。色粉浓度不足(色粉量少)时,补粉信号输出到驱动板(EPWB),补粉电磁开关(TNFSOL)动作,色粉从色粉盒加到显影器。另设色粉盒检测开关(TCDSW)检测色粉盒是否安装到位。

6.1.3　显影系统的电气元件

图 6-3 所示为显影系统的电气元件。

在图 6-3(a)中,1 为色粉传感器 TNS,2 为色粉盒检测开关 TCDSW,3 为色粉盒传感器 TCS;在图 6-3(b)中,4 为补粉电磁开关 TNFSOL。

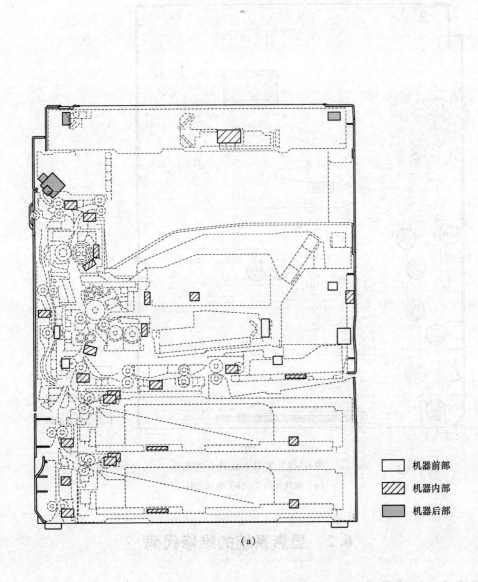

	机器前部
	机器内部
	机器后部

(a)

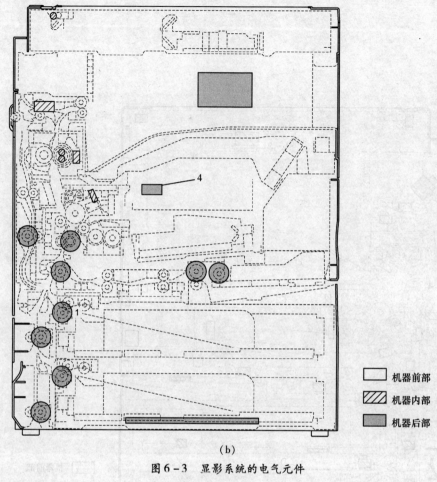

（b）

图 6 - 3 显影系统的电气元件

（a）电气元件 1；（b）电气元件 2。

6.2 显影系统的维修代码

6.2.1 故障代码

（1）故障代码 C7300 为检测到色粉盒无粉前未检测到色粉余量。色粉盒传感器故障或接头接触不良引起。检查驱动板上 YC9 的连接，必要时更换接头或色粉盒传感器。

（2）故障代码 C7400 为未检测到显影器故障。显影器安装异常或接头接触不良。取出显影器检查接头，然后重装。必要时更换接头或显影器。

（3）故障代码 C7910 为显影器 EEPROM 错误，不能对 EEPROM 执行读写操作。接头接触不良或显影器故障。取出显影器检查接头，然后重装，必要时更换接头或显影器。

6.2.2 维修模式

图 6-4 是京瓷（KM3050、KM4050 和 KM5050）、复印之星（CS3050、CS4050和 CS5050）等数码复印机操作维修模式的方法。

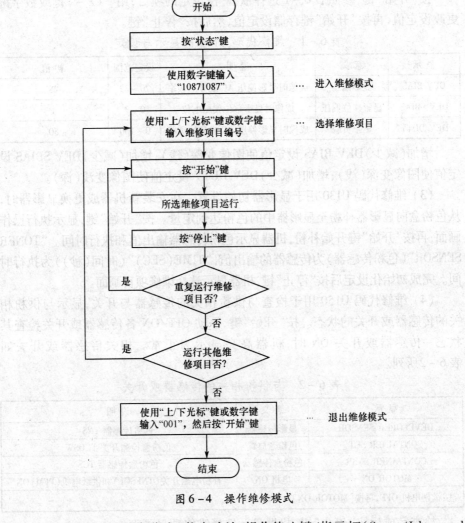

图 6-4 操作维修模式

注意，"状态"键的全称为"状态确认/操作终止键/指示灯（Status/Job cancel key/indicator）"，并非所有京瓷或复印之星机器的操作板上都有此键，即：并非所有京瓷或复印之星的机器操作维修模式都按此键。

6.2.3 维修代码(维修项目)

（1）维修代码 U001 用于退出维修模式返回到正常复印状态。按"开始"键，机器进入正常复印状态。

（2）维修代码 U101 用于检查或设定显影偏压控制电压、转印控制电压以及分离控制电压，或者检查这些电压的输出，防止图像浓度不足、背景模糊。

按"开始"键，参照表 6－1 选择欲检查/设定的项目，用"＋/－"键或数字键更改设定值，再按"开始"键存储设定值，然后按"停止"键。

表 6－1　维修代码 U101 的显示与设定

显示	意义	说明	设定范围	初值
DEV BIAS	显影偏压	成像时显影偏压 AC 成分的频率	20～32	28
DEV SBIAS	显影移位偏压	成像时显影移位偏压电位	0～3	1
DEV DUTY	显影负载	成像时显影偏压 AC 成分的负载	0～100	50

增加(减少)DEV BIAS 设定值使图像变深(浅)；增加(减少)DEV SBIAS 设定值使图像变深(浅)；增加(减少)DEV DUTY 设定值使图像变浅(深)。

（3）维修代码 U130 用于显影器初始设置。在安装新机器或更换显影器时，从色粉盒向显影器补粉至显影器中的色粉达到定量。按"开始"键，显示执行操作画面；再按"开始"键开始补粉，机器显示色粉传感器输出值和执行时间。"TONER SENSOR"(色粉传感器)为传感器的输出值，"TIME(SEC)"(时间(秒))为执行时间。完成初始化设定后按"停止"键，机器显示选择维修项目画面。

（4）维修代码 U150 用于检查与供粉相关的传感器与开关，显示与供粉相关的传感器或开关的状态。按"开始"键，手动 OFF/ON 各传感器或开关检查其状态。传感器或开关 ON 时，机器高亮显示为正常。相关传感器或开关如表 6－2所列。

表 6－2　与供粉相关的传感器或开关

显示	意义	说明
DEVELOPER SENSOR	显影传感器	色粉传感器 TNS
CONTAINER SET	色粉盒放置	色粉盒检测开关 TCDSW
CONTAINER SNSR	色粉盒传感器	色粉盒传感器 TCS
MOTOR ON	电机 ON	补粉电磁开关(TNFSOL)和供纸电机(PFM)ON

注：欲使电机 OFF，再按[MOTOR ON]

检查完成后按"停止"键，机器显示选择维修项目画面。

（5）维修代码 U157 用于检查或清除或设置显影驱动时间，显示用作校正

106

色粉控制参考值的显影驱动时间,更换显影器后应检查显影驱动时间。

按"开始"键,显示以 min 计数的显影驱动时间;顺序按"清除"键和"开始"键,清除显影驱动时间;使用"＋／－"键或数字键输入驱动时间(以 min 计),按"开始"键,设定显影驱动时间。检查或清除或设置完成后按"停止"键,机器显示选择维修项目画面。

(6) 维修代码 U158 用于检查显影计数,更换显影器后应检查显影计数。按"开始"键,显示显影计数器中的计数。检查完成后按"停止"键,机器显示选择维修项目画面。

6.3　显影系统主要零件的更换方法

京瓷(KM3050、KM4050 和 KM5050)、复印之星(CS3050、CS4050 和 CS5050)等数码复印机的显影器为耗材,需定期更换。具体地,京瓷 KM3050 和拷贝之星 CS3050 的更换周期为 40 万张,京瓷 KM4050 和 KM5050、复印之星 CS4050 和 CS5050 等数码复印机的更换周期为 50 万张。图 6-5 所示为更换显影器的方法。

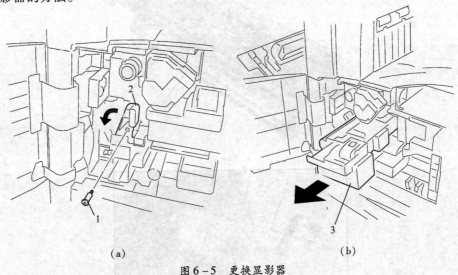

(a)　　　　　　　　　　　　　　　　(b)

图 6-5　更换显影器

(a) 取下销钉,转动显影器释放杆;(b) 取出显影器。

先打开机器前盖,取下色粉盒和废粉盒。在图 6-5(a)中,取下销钉 1,依箭头所示方向转动显影器释放杆 2;在图 6-5(b)中,取出显影器 3。

安装新显影器后,使用维修代码 U157 清除显影计数器。

第7章　松下（DP3510/DP3520/DP3530、 DP4510/DP4520/DP4530、DP6010/DP6020/DP6030） 数码复印机

7.1　显影系统的组成与过程控制

7.1.1　显影系统的组成

图7-1所示为显影器与粉仓。

(a)

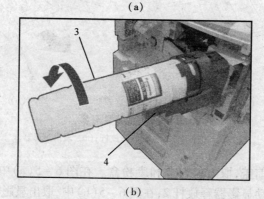

(b)

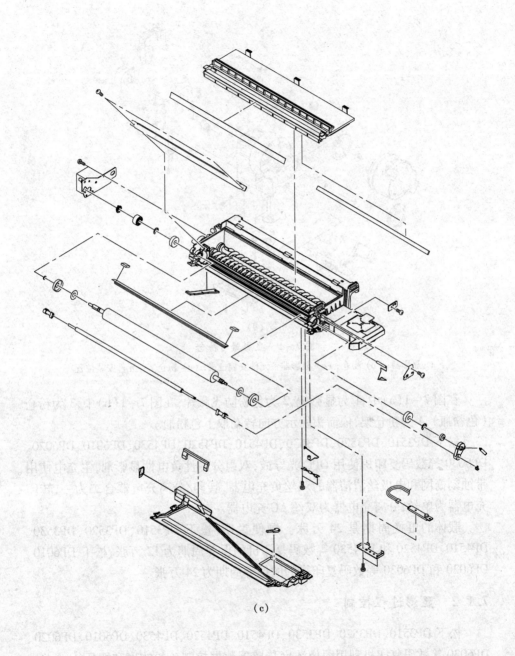

(c)

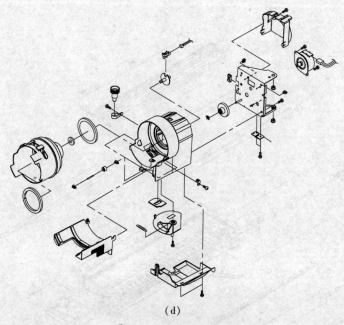

(d)

图 7 – 1 显影器与粉仓

(a)显影器;(b)粉仓;(c)显影器各元件安装位置;(d)粉仓架各元件安装位置。

在图 7 – 1(a)中,1 为显影辊,2 为色粉防飞溅片;在图 7 – 1(b)中,3 为粉仓(色粉瓶),4 为粉仓架,依箭头所示方向转动取下色粉瓶。

松下 DP3510、DP3520、DP3530、DP4510、DP4520、DP4530、DP6010、DP6020、DP6030 等数码复印机使用 OPC 光导鼓,双组分磁性负电性显影剂,主充电使用带蚀刻栅网和电极丝清洁器的双丝负充电器,转印/分离充电器合二为一,转印充电器为单丝,分离充电器为双丝 AC 充电器。

载体的更换周期是 24 万张。顺便说明,松下 DP3510、DP3520、DP3530、DP4510、DP4520 和 DP4530 等数码复印机的保养周期为 12 万张,松下 DP6010、DP6020 和 DP6030 等数码复印机的的保养周期为 24 万张。

7.1.2 显影过程控制

松下 DP3510、DP3520、DP3530、DP4510、DP4520、DP4530、DP6010、DP6020、DP6030 等数码复印机利用图像浓度传感器数据控制色粉浓度和栅压①。大量复印时,每复印 1000 张由定时器/计数器②启动长期运行补偿参数控制色粉浓度。复印计数达到 15 万张、18 万张和 21 万张时,由定时器/计数器③启动载体

110

补偿参数控制色粉浓度。若机器 ON 后超过 1h 未操作,由定时器/计数器④初始化载体参数。对于高温高湿条件的情况,温度传感器⑤和湿度传感器⑤的数据作为环境补偿参数。此外,控制色粉浓度的软件也对温度和湿度因素进行补偿(①~⑤为顺序)。具体控制过程如图 7-2 所示。

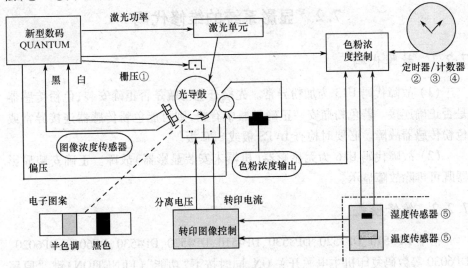

图 7-2 显影过程控制

7.1.3 显影系统的电气元件

图 7-3 所示为与显影系统相关的电气元件。

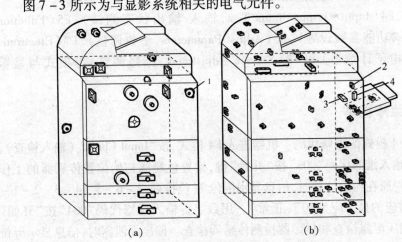

(a)   (b)

图 7-3 显影系统的电气元件
(a) 电机;(b) 传感器。

111

在图7-3(a)中,1为粉仓(色粉瓶)电机;在图7-3(b)中,2为色粉瓶初始位置传感器,3为TDC(色粉浓度检测)传感器,4为色粉传感器(显影器检测传感器)。

7.2 显影系统的维修代码

7.2.1 故障代码

(1)故障代码U13为加粉异常。先检查色粉瓶是否正确安装、色粉传感器是否正确连接。若色粉瓶安装正确且瓶中有粉,则可能色粉传感器连接异常或色粉传感器故障。必要时检查LVPS板或SPC板。

(2)故障代码U16为无显影器(机器未安装显影器)故障。正确安装显影器既可排除故障显示。

7.2.2 维修模式

松下DP3510、DP3520、DP3530、DP4510、DP4520、DP4530、DP6010、DP6020、DP6030等数码复印机主电源开关ON,同时按下"功能"(FUNCTION)键、"原稿尺寸A3"(LEDGER/A3)键和数字"3"键,机器进入维修模式(显示屏处显示F1);按数字键"N(N=2,3,…,9)"和"开始"键,机器进入FN模式;同时按"功能"和"清除(C)"键,机器退出维修模式。

其中,F4(Input/Output Status Test,输入/输出状态测试)、F5(Function Parameters,功能参数设置)、F6(Adjust Parameters,参数调整)、F7(Electronic Counters,电子计数器)和F8(Service Adjustment,维修调整)等模式与显影有关。

7.2.3 维修代码

(1)F4模式的维修代码。机器进入F4模式,按"Input Check"(输入检查),用数字键输入维修代码"003"按"开始"键,检查色粉瓶初始位置传感器的工作状态。色粉瓶在初始位置时,信息显示屏位7(位排列:7-6-5-4-3-2-1-0,下同)对应的显示应为"0"(正常)。用数字键输入维修代码"004"按"开始"键,进行偏压泄露检查和显影器检测传感器检查。偏压无泄露时,信息显示屏位4对应的显示应为"1"(正常);取出显影器时,信息显示屏位0对应的显示应为"1"(正常)。

机器进入F4模式,按"Output Check"(输出检查),用数字键输入维修代码

"051"按"开始"键,色粉瓶电机正转(当 CN719 - 3 信号电平从 + 24V 变为 0V 时,电机正转);用数字键输入维修代码"052"按"开始"键,色粉瓶电机反转(当 CN719 - 6 信号电平从 + 24V 变为 0V 时,电机反转)。

(2) F5 模式的维修代码。机器进入 F5 模式,用箭头键或数字键选择维修代码"59"按"开始"键,设定加粉信号显示后是否允许复印。"0"为禁止复印(出厂设置),"1"为继续复印。设置完毕,使机器主开关 OFF/ON,设置生效。

(3) F6 模式的维修代码。机器进入 F6 模式,用箭头键或数字键选择维修代码"21"按"开始"键,进行 TDC 增益电压调整,调整范围为 - 86 ~ + 40,每个数字改变 0.033V;用箭头键或数字键选择维修代码"26"按"开始"键,进行供粉开始电平调整,调整范围为 - 26 ~ + 26,标准值为 19.5mV。更换载体后进行此两项("21"和"26")调整。

(4) F7 模式的维修代码。机器进入 F7 模式,用箭头键或数字键选择维修代码"02(维修计数)"按"开始"键,再用箭头键选择维修代码"09(02 - 09 为载体计数)"按"开始"键,检查载体计数;用箭头键或数字键选择维修代码"08"按"开始"键,清空所有计数器。

(5) F8 模式的维修代码。机器进入 F8 模式,用箭头键或数字键选择维修代码"09"按 2 次"开始"键,机器自动调整色粉浓度(大约 7min),30s 后 QUARC 自动启动,约 2min 后自动停止。注意调整期间不能按任何键或使电源开关 OFF;用箭头键或数字键选择维修代码"20"按 2 次"开始"键,机器自动调整 TDC 传感器输出。

7.3 显影系统主要零件的更换方法

7.3.1 更换粉仓电机

图 7 - 4 所示为更换粉仓电机过程。

先打开机器前门。在图 7 - 4(a)中,将粉仓组件 1 转至右侧,依箭头所示方向转动取下色粉瓶 2;在图 7 - 4(b)中,拧下螺钉 3,取下粉仓电机罩 4(按压 2 处卡扣);在图 7 - 4(c)中,断开接头 5;在图 7 - 4(d)中,拧下 2 颗螺钉 6,取下粉仓电机 7。

7.3.2 更换载体

图 7 - 5 所示为更换载体过程。

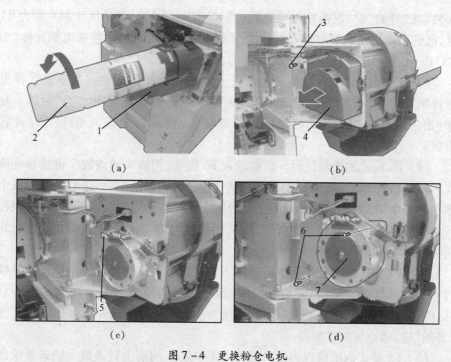

(a)   (b)

(c)   (d)

图 7-4 更换粉仓电机

（a）取下粉仓（色粉瓶）；（b）取下粉仓电机罩；（c）断开粉仓电机接头；（d）取下粉仓电机。

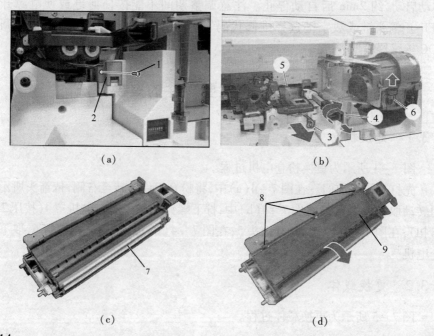

(a)   (b)

(c)   (d)

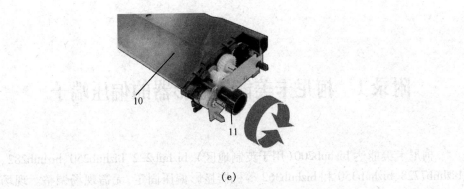

(e)

图7-5 更换载体

(a) 取下接头盖; (b) 取出显影器等; (c) 取下色粉防飞溅片;
(d) 取下显影器上盖; (e) 倒出旧载体。

先打开机器前门, 将粉仓组件1转至右侧。在图7-5(a)中, 拧下螺钉1, 取下接头盖2; 在图7-5(b)中, 断开接头3, 拉出并顺时针方向旋转载体释放手柄4、取出显影器5、取下载体更换柄6; 在图7-5(c)中, 取下色粉防飞溅片7; 在图7-5(d)中, 释放3处卡扣8, 取下显影器上盖9; 在图7-5(e)中, 倒置显影器10, 边旋转载体更换柄11边倒出旧载体。为将旧载体彻底清除, 可将磁铁套上塑料袋, 吸附清除显影辊表面及驱动齿轮处的零星旧载体。

附录1　柯尼卡美能达显影器的偏压端子

柯尼卡美能达 bizhub200(用于英制地区)、bizhub222、bizhub250、bizhub282、bizhub7728、bizhub350 和 bizhub362 等机器显影偏压固定,无需现场调整。现场维修时应检查偏压端子,确认其清洁。偏压端子的位置见图 F1 -1。

图 F1 -1　偏压端子的位置

在图 F1 -1 中,1 为偏压端子。

柯尼卡美能达 bizhub200、bizhub222、bizhub250、bizhub282 和 bizhub7728 显影器的寿命是 32 万张,bizhub350 和 bizhub362 显影器的寿命是 40 万张。

附录 2　京瓷和复印之星数码复印机
驱动板上与显影系统相关的插头

图 F2 - 1 所示为驱动板(EPWB)上与显影系统相关插头的位置。

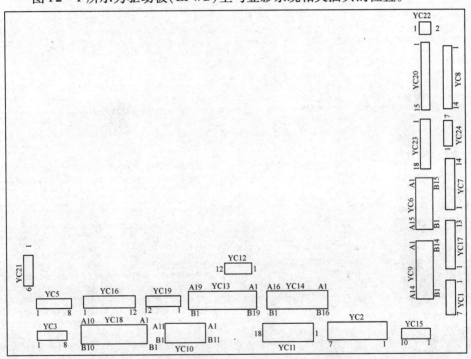

图 F2 - 1　驱动板上与显影系统相关的插头

在图 F2 - 1 中,YC7 - 1 为显影偏压控制电压 BVSEL1(0/5V DC),YC7 - 5 为显影偏压时钟信号 HVCLK(0/5V DC,脉冲),YC7 - 9 为显影偏压控制电压 BVSEL2(0/5V DC);YC9 - A5 为色粉盒传感器 TCS ON/OFF 信号(0/5V DC),YC9 - A7 为显影器识别信号 DEVP0(0/5V DC),YC9 - A9 为色粉传感器 TNS ON/OFF 信号(0/5V DC),YC9 - A11 为显影器检测信号 DVUNITN(0/5V DC),YC9 - A12 为显影器保险丝熔断信号 FUSE_CUT(0/5V DC),YC9 - A13 为显影

117

器 EEPROM 数据信号 EEDATA(0/5V DC,脉冲),YC9 - A14 为显影器 EEPROM 时钟信号 EESCLK(0/5V DC,脉冲),YC9 - B2 为补粉电磁开关 TNFSOLON/OFF 信号(0/24V DC),YC9 - B3 为色粉盒检测开关 TCDSW ON/OFF 信号(0/5V DC)。

内 容 简 介

    本书通俗地介绍数码复印机显影系统维修的专业知识,突出广泛性、实用性和可参照性。在概括数码复印机显影过程的基础上,以佳能、理光、基士得耶、雷力、萨文、东芝、柯尼卡美能达、京瓷、复印之星和松下等70多种型号数码复印机为例,详细介绍数码复印机显影系统的组成、显影过程的控制、显影系统故障代码的意义、操作数码复印机维修模式的方法、显影系统检查调整代码的用法、显影系统主要机电参数的调整方法和显影器主要零件的更换方法。

    本书图示翔实,可作为职业技术学院、电大、中专、中技数码复印机维修培训的专业课教材,亦可作为数码复印机维修工作者自学的参考书。